下伏采空区
道路修筑技术研究与应用

毋存粮　叶雨山　杨利民　郭进军　郭成超　著

国家重点研发计划子课题(2016YFC0802203)
中国建筑第七工程局有限公司科技研发课题(CSCEC7b-2015-Z-10)　资助

科 学 出 版 社
北　京

内 容 简 介

本书总结作者近年来对采空区地质条件下道路修筑技术领域的研究成果,结合国内外相关文献,依托实际道路工程,围绕下伏采空区的综合探测技术、采空区与道路相互作用的路基稳定性分析、采空区综合处治技术、交通荷载影响下的采空区道路修筑技术及采空区修筑监控技术等进行系统的论述,以期为此类工程建设提供详尽的数据和工程经验,规范此类施工项目的施工工艺,保障采空区地质条件下道路工程的施工质量。

本书可供道路工程设计单位、施工单位、监理单位、检测与质量管理机构、建设管理部门的科研、技术与管理人员,以及高等学校相关专业的教师、研究生、本科生参考。

图书在版编目(CIP)数据

下伏采空区道路修筑技术研究与应用/毋存粮等著. —北京:科学出版社,2018.3

ISBN 978-7-03-055513-7

Ⅰ.①下… Ⅱ.①毋… Ⅲ.①煤矿开采-采空区-道路施工-研究

Ⅳ.①TD325 ②U415.6

中国版本图书馆 CIP 数据核字(2017)第 281473 号

责任编辑:杨光华 何 念 郑佩佩/责任校对:董艳辉

责任印制:彭 超/封面设计:苏 波

科 学 出 版 社 出版

北京东黄城根北街 16 号

邮政编码:100717

http://www.sciencep.com

武汉精一佳印刷有限公司印刷

科学出版社发行 各地新华书店经销

*

开本:787×1092 1/16

2018 年 3 月第 一 版 印张:11 1/4

2018 年 3 月第一次印刷 字数:265 000

定价:108.00 元

(如有印装质量问题,我社负责调换)

前　言

我国地大物博,矿产储量丰富,自1950年以来,矿产资源的大规模开采推动了国民经济的快速发展。煤矿资源的不断开采,兴起了许多以此为主导产业的工业城市。矿产资源被开采出以后,地下形成的大规模空洞区域,称为采空区。由于矿产开采方式的无序、粗放,且开采后留下的大部分采空区并未得到有效充填、治理,极易引起采空区地表过量下沉甚至塌陷,这无疑为其上构筑物的正常建设与使用埋下安全隐患。近十年来,我国城镇化建设日新月异,基础设施投资逐年递增,尤其是"一带一路"倡议的实施,道路交通事业呈现日益繁盛的景象,路网密度越来越大。受到线路设计、投资和现有土地面积等因素的制约,一些公路无法避免地修建在采空区上方,这样便打破了原来相对稳定的采空区岩体状态,重新激发岩体的不稳定性,加大公路的沉降变形和修建难度,同时也对公路后期运营和来往交通构成一定的威胁。

国内穿越采空区公路逐渐增多,采空区引起的待建或已建成的公路或铁路塌陷破坏事故日益高发。公路建设和运营期中,由于采空区稳定性及车辆荷载作用会加剧路基的沉降,如不及时处理很可能发生公路路基塌陷,这样不仅需要消耗大量资源进行修复,而且影响交通的正常运行,同时在社会上造成恶劣的影响。统计数据显示:至2015年,约有2.1×10^6 hm²的土地损失是由开采矿体资源造成的,导致的经济损失总量已超1000亿元,同时每年土地塌陷损失面积保持$(2.7 \sim 4.1) \times 10^4$ hm²的增长速度。塌陷面积随煤炭产量的增加在不断地增长,采空区的存在始终是采区居民生活的重大隐患,更有甚者,部分采空区结构物未曾使用便已发生塌陷破坏,且不易维修,工作量大,造成资源的浪费和国民经济的损失。由于矿产资源开采过程中的采空区失稳、地质环境恶化等一系列问题,不仅阻碍矿区周边区域的城市化进程,而且严重威胁区域内基础设施的建设进度与建设质量,人类亟待找到解决这一全球性下伏采空区地质条件下道路修筑技术共性难题的方法。

本书围绕采空区地质条件下道路修筑技术难题,在整理国内外相关文献的基础上,依托河南省S323线改建工程,开展较为系统的若干关键技术研究。综合开展高密度电和瑞利波两种物探方法探测地下采空区的技术研究,实现瑞利波传播的数值模拟,为实际工程中瑞利波法探测所得地震记录的解译提供理论依据,并为采空区结构参数的反演解译提供合理的理论基础;详细研究下伏采空区路基稳定性,分析采空区活跃状态、采空区与道路相对位置及交通荷载因素下路基沉降的规律,建立下伏采空区路基沉降预测模型,明确采空区道路修筑临界安全区域;形成以注浆充填及强夯路基为主的路基下伏采空区处治方法,包含采空区形状和倾斜角、采空区深度、采面采高和是否连续分布四个主要因素;开展基于采空区道路沉降的过渡路面合理结构研究,对其在适应土体固结沉降及交通荷载作用下的响应进行计算对比,推荐最优的过渡路面形式;基于实时监测方案,对下伏采空区路基沉降进行预测和稳定性评价。

本书是在以下项目的资助下完成的:

(1) 国家重点研发计划子课题(2016YFC0802203):高陡边坡、高填及特殊路基的健康监测、全生命期安全评价和预警平台。

(2) 中国建筑第七工程局有限公司科技研发课题(CSCEC7b-2015-Z-10):采空区地质条件下道路修筑与监控关键技术研究。

感谢中国建筑第七工程局有限公司焦安亮教授级高工、黄延铮教授级高工、冯大阔博士、张建新高工、张中善高工等在研究过程中给予了指导,正是有了专家的教诲和帮助,得以引用大量的数据资料,才使本书更臻完善。感谢研究团队的王江伟高工、王及逢高工、张为民工程师、赵正伟工程师、甄宗永工程师、马红梅工程师、张铁钢工程师等工程技术人员及郝莹莹、王荻、李千惠、周涛、申兆汀、韩易辰、陈坤鹏、李雪野等同学在本书的写作中给予的帮助。

由于作者学术水平有限,书中难免有疏漏之处,敬请读者批评指正。

作　者

2017 年 8 月于郑州

目　　录

第 1 章

绪　论

　　我国疆域辽阔,矿产资源种类丰富,目前已发现矿产逾170种,已探明有储量的矿产达至159种,其广泛分布在国家的各个区域,为国民经济发展提供了重要支撑。但不容忽视的是,矿产开采在服务于国计民生的同时,也留下了相当数量的采空区,尤其是近几十年来,我国现代化、城镇化发展日新月异,道路、桥梁、建筑等基础设施投资巨大,不可避免地要在采空区位置未探明的区域进行修建。然而,基于国内矿产开采的现状,小型企业无序粗放的开采方式,且采后留下的大部分采空区并未得到有效充填、治理,可能引起采空区地表过量下沉甚至塌陷,这无疑为其上构筑物的正常使用埋下安全隐患。围绕地下采空区造成的地面坍陷等事故已成为城镇化进程中的拦路虎,开展相关的工程安全科学研究和关键技术攻关势在必行。

　　本章简要介绍采空区的概念及地质特性划分,对地下采空区造成的危害,尤其是对道路建设和运行的不利影响进行阐述,最后介绍研究项目所依托工程的情况。

1.1 采空区的概念

采空区是指地下矿产开采后留下的空洞区,如图 1.1 所示。根据矿产开采时间,可分为老采空区、现采空区和未来采空区。矿体被采出后,自顶板岩层向上形成"三带"——冒落带、裂隙带和弯曲带。采空区易导致地表沉陷,产生连续或非连续变形,由此带来一系列的环境问题,如房屋倒塌、道路开裂、平地积水、农田减产和耕地减少等,给矿区建设留下了很大隐患。

（a）采空区地面标志   （b）采矿巷道

图 1.1 采空区

有关采空区问题的研究,国内外主要集中在煤炭、冶金、军事和交通等部门,如苏联、波兰、英国和中国等主要产煤国家从 20 世纪 50 年代起就对"三下"采煤技术进行了详细研究[1];同时,对采空区地表构筑物保护和防治技术[1-4]也进行了大量试验研究,积累了宝贵的经验。但到目前为止,针对公路下伏采空区问题的研究报道较少,而且通常只是工程经验介绍,尚未形成成熟的理论及工程设计体系,无规范、规程可循,国际上也鲜有此类研究。

高等级公路是国民经济发展的重要基础,近年来中国经济高速发展,基础设施投资力度不断加大,新型城镇化建设进一步推进,路网密度也越来越大,不可避免地要穿过一些矿产采空区域及待采区,如山西太旧高速公路、华东的徐连线、华北的晋焦线、西北的乌奎线等高等级公路均要跨越较大范围的采空区。在老采空区修路要同时考虑路基稳定性和地表剩余变形的影响。公路通过未来采空区时,应在保护道路的前提下,安全、经济、最大限度地回收矿产资源。因此,研究下伏采空区地质条件下的道路修筑技术具有重要的经济和社会意义。

1.2 采空区的形成

地下开采特别是在建筑物、水体、铁路和公路等下方采矿引起的岩体移动变形问题越来越引起广大科技工作者和工程技术人员的重视。矿体被采出后,采空区顶底板和两边形成了自由空间,呈现出一种架空结构。开采破坏了围岩的原始应力状态而引起围岩中应力应变重新分布,产生应力集中,瞬间以弹性变形形式完成,进而导致上覆岩体失去原有的稳定,引起上覆岩体的移动、变形,甚至破坏。这种移动、变形和破坏在空间上由采空区逐渐向周围扩展,最终到达地表。从时间上看,由静止到开始轻微移动,经过中间剧烈移动阶段,最后轻微移动至新的平衡后完全停止移动。采空区上方覆岩的移动形式极其复杂,大体可归结为以下几种[5-6]。

(1)矿体上方岩石的垮落。矿层采出后,其上方岩石在自重作用下内部应力超过岩石强度极限而发生破裂、垮落。

(2)上覆岩层的裂隙。岩层不垮落,但发生裂缝和离层。

(3)上覆岩层的弯曲。岩石不发生破裂,但在自重作用下产生法向弯曲,这部分岩层将保持其整体性,其移动过程连续而有规律。

上述三种岩石移动的形式是开采水平矿层时岩石移动的基本形式。当开采倾斜和急倾斜矿层时,还存在以下三种移动形式。

(1)岩石沿层理方向滑移。当岩层倾斜时,由于自重方向与岩层层面不垂直,在自重作用下,岩体除发生垂直于层理面的弯曲外,还产生沿层理面的顺层滑移。随着岩层倾角的增加,垂直于岩层的自重力分量逐渐减小,而平行于岩层的自重力分量则增大。因此,岩层倾角越大,岩石沿层理方向的滑移也越显著。

(2)垮落岩石下滑矿层采出后,被采空区岩石所充填。如果矿层倾角较大,上部垮落岩石下滑将充填下部采空区;垮落岩石下滑后,其上部岩石失去支撑而垮落,造成垮落和裂隙进一步向上发展。当矿层倾角较大且开采边界距地表又近时,垮落便可能继续发展并最终直达地表,形成"抽冒"现象。

(3)底板岩石隆起。当地表岩石薄弱且倾角较大时,在矿体采出后,底板岩石将向采空区隆起;一些遇水膨胀的岩石,在水作用下隆起更加严重,甚至能导致底板破坏,底板岩石移动有时能波及地表。

由于具体条件存在差异,开采引起的地表破坏形式主要有地表塌陷、地表破裂和地表连续变形等。

1.3 采空区的三带划分

国内外大量观测资料的分析结果表明,当采空区范围较小而采深较大时,采空区上覆岩体的移动可能不会到达地表;当采空区范围较大而采深较小时,其上覆岩体的移动便会波及地表,并使得地表下沉,下沉所涉及的整个范围称为下沉盆地,在矿区称为塌陷区。

当开采空间跨度足够大时,即使完整坚硬的顶板,也会因受力超过强度极限而垮塌、冒落。实际上,大多数岩体都含有各类地质弱面,岩体被地质弱面切割成一系列弱连接的嵌合体或各式各样的组合体,这类岩块体一直处于围岩应力与自重的共同作用下。当矿

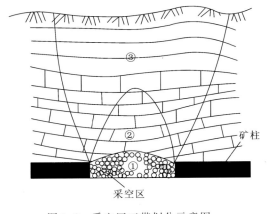

图 1.2　采空区三带划分示意图
①冒落带；②裂隙带；③弯曲带

体被采出后，紧临采空区的块体将会暴露出来，临空块体随之发生移动，达到力学和几何条件失稳的块体先行垮落，并将这种过程传递给相邻的岩块体，之后垮落继续进行，顶板岩块的移动逐渐发展，破裂区逐渐扩大；同时，垮落岩体发生一定程度的碎胀和剪胀，当碎胀与剪胀的体积之和等于采出空间时，垮落终止；垮落终止后，岩体的应力状态逐渐恢复平衡。在此过程中，上覆岩层因下方采动而产生的移动与变形从性质上可分为以下三个带，如图 1.2 所示[4-6]。

1.3.1　冒落带

　　冒落带又称垮落带，是指由采空区上覆岩体在自重的作用下破碎、冒落、堆积而成的区段，其高度主要由顶板岩层碎胀性、采矿方法和矿层厚度决定。对于水平矿层，冒落带一般为采高的 2～4 倍。冒落带的形成往往是多次的，第一次冒落，充满采空区的松散岩块在其自重和上覆岩层垂直位移所产生的压力作用下，逐渐被压实，进而形成一定的自由空间，随着上覆岩层进一步变形又引起第二次冒落，如此反复多次后冒落终止。当开采深度不大时，冒落带可直达地表，此时地表移动变形是不连续的。

1.3.2　裂隙带

　　裂隙带又称裂缝带或破裂弯曲带，是指位于冒落带之上，具有与采空区连通的导水裂隙，但连续性未受破坏的那部分岩层。裂隙带的岩体由于受到较大的横向拉力，弯曲变形较大，故常常出现明显的裂隙，甚至断裂，这使岩体结构类型发生改变，降低了岩体的强度。其主要由岩层的相对滑移而形成，厚度与冒落带大体相当，且与冒落带无明显的分界线。裂隙带的裂隙主要有两种：一种是垂直或斜交于岩层的新生张裂隙，主要是因岩层向下弯曲受拉而产生，它可部分或全部穿过岩石分层，但其两侧岩体基本无相对位移而保持层状连续性；另一种是沿层面的离层裂隙，主要是因岩层间力学性质差异较大时，岩层向下弯曲移动不同步所致，离层裂隙要占据一定空间，致使上部覆岩和地表下沉量减少。一般而言，在采空区形成两个月左右，裂隙带发育最高。

1.3.3　弯曲带

　　弯曲带又称整体移动带，是指裂隙带顶部到地表的那部分岩层。随着距离矿体开采处高度的增加，上覆岩层的破坏程度减弱，且裂缝逐渐消失，岩体将发生大范围移动和变形,但仍保持岩体原始结构而不破坏,其移动与变形连续、平稳而有规律;其变形主要是在自重应力作用下产生的弯曲变形,故称为弯曲带。弯曲带位于裂隙带上部,当开采深度较大时,其高度将远超裂隙带与冒落带高度之和,在这种情况下,裂隙带波及不到地表,故地表变形较轻微,此时只有用精密测量仪器才能观测到地表变形;当开采深度较小时,裂隙带甚至冒落带可直达地表,此时没有弯曲带,并且地表的移动变形是不连续的。

上述三带的划分,是建立在岩体连续移动变形的条件下,一般只适用于层状结构的岩体。此外,采空区的地表移动并不一定同时存在着三个带,且各带相互之间也没有明显的界线。对于有些浅部开采的矿山,可能不存在三个带而是仅有两个带甚至一个带,如有的矿山开采后直接冒落至地表,此时就只有冒落带。

1.4 采空区的危害

采空区的危害广义上是指采矿工作对地上与地下的建筑物、构筑物和自然对象的影响,又称开采损害。狭义的采空区的危害主要是指岩层和地表受到开采影响而发生移动、变形所导致的一系列有害后果[4]。

开采损害可分为两类:直接开采损害与间接开采损害。位于开采引起岩层和地表移动、变形区域内的采动对象所受到的损害称为直接开采损害,而在距开采区域较远的地方,仍发现存在着开采影响,这种影响往往与开采活动间接有关,称为间接开采损害。间接开采损害通常与开采引起的地下水文地质条件的改变有关,这些损害并不是和每一个开采工作相联系,它们的发生往往与特定的地压条件有关。

1.4.1 采空区的危害的表现形式

采空区的危害的表现形式与地表变形的性质、大小及采动对象的本身特点有关,具有下列六种类型[5]。

1. 地表沉陷损害

一般的地表均匀下沉对建筑并无太大影响,但是过量的地表下沉,即使是均匀的,在某些条件下也会带来严重的问题。例如,下沉区地下水位可能上升超过地表,形成大片的内涝区,如图 1.3(a)所示。

2. 地表倾斜损害

开采引起的不均匀下沉改变了地表原始坡度,造成地表倾斜。地表倾斜使建筑物丧失稳定性,使用条件恶化,如图 1.3(b)所示。

3. 地表弯曲损害

当采动引起地表弯曲时,建筑物地基弯曲,建筑物部分基础悬空,进而将载荷转移到其余部分,造成建筑物开裂,如图 1.3(c)所示。

4. 地表水平变形损害

地表水平变形出现于开采边界上方的位置,采空区一侧出现压缩,另一侧出现拉伸。位于拉伸区的建筑物,其基础底面受到基础的外向摩擦力,基础侧面受到地基外向水平推力的作用,从而导致开裂。位于地表压缩区的建筑物则正好相反,容易引起挤碎性破坏,如图 1.3(d)所示。

5. 山区地表滑移与崩塌

开采引起的岩体内部移动与变形,使原来岩层面或构造弱面离层、开裂,甚至错动,导致原始弱面的强度大为降低,其内摩擦角、内聚力较采前也大大减小,岩体内变形超限部分产生采动裂隙与破坏,使岩体的相互牵引力有所减弱,从而引起地表滑移和崩塌,如图 1.3(e)所示。

6. 矿区地表水位下降

当破裂到达地下含水层或地表时,地下水可能大量下渗,使得地下水位大幅度下降,从而可能引起河流干涸。如果存在流砂层,则可能使流砂层水分疏干,造成大范围地表的缓慢下沉,如图 1.3(f)所示。

（a）地面内涝

（b）房屋倒塌

（c）地表弯曲

（d）建筑物开裂

图 1.3　采空区引起的危害类型

　　　　　（e）山体滑坡　　　　　　　　　　　　　　　　　　　（f）河流干涸

图 1.3　采空区引起的危害类型（续）

1.4.2　采空区对公路的危害

　　在采空影响区修筑公路要考虑公路路基稳定性和地表剩余沉陷位移变形的影响[7]。地下开采对地表和覆岩的破坏程度主要取决于地质与采矿等因素,如矿床的开采深度、采高、倾角、采矿方法、地质构造、覆岩岩性及顶板支撑方法等。不同的地质采矿条件对地表沉陷的破坏程度差异很大,反映到地表的形态可归结为连续位移变形和非连续位移变形两类。缓斜、倾斜矿床的开采对地表沉陷破坏类型判定的基本条件如下所述[8]。

　　（1）地表连续位移变形条件。开采深度较大,采深与采高比 H/m 大于 80 的长壁式全部垮落管理顶板开采;全部或部分采空区充填管理顶板开采,且矿柱具有足够的强度和长期稳定性,采留比适宜,采出率低于 65%。

　　（2）地表非连续位移变形条件。开采深度较小,采深与采高比 H/m 小于 40 的长壁式全部垮落管理顶板开采;房柱式、巷柱式开采,采留比不合理,采宽过大或矿柱过窄,矿柱的稳定性差;浅部小矿残采;基岩厚度小,地表为较厚的湿陷性黄土层或遭遇较大的地质构造断层破坏。

　　采动地表连续位移变形的特征为连续下沉的盆地。当地下开采范围达到一定程度时(大于 1/4 采深),地表开始移动,出现下沉盆地;随着开采范围扩大,下沉盆地也不断增大,对应地表的每一点都要经历拉伸、倾斜、压缩及扭曲等复杂的动态位移变形破坏过程;地表沉陷一般能持续 2.5~5 年,剧烈沉陷期(下沉速度＞1.8 mm/d)一般能持续0.5~1 年。

　　采动地表非连续位移变形破坏的表现形式为:地表出现大的裂缝,台阶式沉陷,漏斗式塌陷坑及伴随沉陷地表滑动或滑坡破坏等。非连续破坏以突发性、隐藏性为特点,没有一定的规律,有时开采后几十年还会发生较大的沉陷破坏[9],这种情况对地面建筑物危害极大。

　　采空区对新建公路的影响有其自身的特点。公路下伏采空区大部分在建路前形成,它对新建公路的影响是剩余沉陷引起的位移变形破坏;公路整体延伸范围大,不仅包括采空区引起的地表剩余沉陷,而且建路时路基的开挖、爆炸等因素也会导致新的沉陷发生,采矿引起的地表沉陷破坏主要发生在下沉不均匀地带。如在这些地带修建公路而不进行处理,则在拉伸带范围,水平变形一旦超过路面的极限抗拉值,路面将出现裂缝,轻则导致路面渗水破坏,严重的使交通中断,如图 1.4(a)所示;在压缩带范围,会出现路面隆起,起伏不平,使来往车辆行驶困难,或使高速行驶的车辆腾空引发交通事故,如图 1.4(b)所示;路面的侧向倾斜或扭曲也对高速行驶的车辆不利,尤以弯道为甚,在有公路桥梁或高架桥的地段,危害更加严重。

(a) 路面开裂   (b) 路面隆起

图 1.4   采空区对公路的破坏

1.4.3   采空区对公路危害程度的评价

与普通建筑物不同,公路是大范围延伸的条形整体构筑物,不仅采空沉陷位移变形对它有较大的影响,采空区剩余沉陷对它的影响也不容忽视。除此之外,由于路面材料的特殊性,它还受温度、湿度和路面局部隆起等因素的影响。地表沉陷对公路的危害程度可以用以下方法评价。

(1) 对地表非连续沉陷破坏的评价主要是判定矿柱及覆岩的强度和稳定性。应用数值分析和结构力学方法,计算采动覆岩破坏强度、覆岩中复合岩梁(板)的成拱宽度、大厚度坚硬岩层的成拱宽度及矿柱的支撑强度和长期稳定性,评价并判定是否需要对采空区和地基进行治理,最终确定治理方案。

(2) 对地表连续位移变形破坏,可用理论预计方法(影响函数法、经验理论法)估计地表的位移变形值,通过地表的下沉量、倾斜值、水平变形和垂直曲率等指标进行评价[10]。地表沉陷会造成路面低洼处长期积水破坏;倾斜会导致行驶车辆重心偏移,特别在弯道位置对高速行驶车辆危害更大;水平变形和曲率使路面受拉伸开裂,受压缩隆起,产生波浪状及路面与路基间的局部离层破坏。路面的波浪起伏能引起高速行车腾空,造成翻车事故。国外研究结果认为,高速公路和高架桥应列为 I～II 级建筑物,即路面的水平变形 $X_0 \leq$ 2 mm/m 或 $X_0 \leq 4$ mm/m,曲率 $K_0 \leq 0.2 \times 10^{-3}$ m^{-1} 或 $K_0 \leq 0.4 \times 10^{-3}$ m^{-1},倾斜值 $T_0 \leq$ 3.0 mm/m 或 $T_0 \leq 6.0$ mm/m。普通公路应按 III 级建筑物对待,$X_0 \leq 6$ mm/m,$K_0 \leq 0.6 \times$ 10^{-3} m^{-1},$T_0 \leq 10$ mm/m。

（3）在已采采空影响区建路要考虑路基的承载能力、稳定性和剩余沉陷位移变形的影响。路基的承载能力与稳定性可应用 Boussinesq 理论,通过采空区地表位移变形预测,确定路基应力分布并得出路基承载系数,受采空区影响的路基承载能力一般会降低 30%～60%。跨越大范围采空影响区的公路受采动剩余沉陷的影响,应以时间、空间四维影响函数预测。剩余沉陷随时间的变化主要与采深、开采速度及覆岩岩性有关。

（4）路面材料的特性随温度变化较大,如沥青混凝土等。温度降低会使路面材料脆性增加,收缩系数增大,抗变形能力减小,因此路面易于开裂,承载能力下降。当路面积水或冰冻膨胀时,路面破坏将加速。

1.5　工程概况

本书的研究内容围绕河南省省道 323 线新密关口至登封张庄段改建工程中采空区对公路修筑的影响展开,工程的基本情况如下所述。

1.5.1　交通概况

省道 323 线地处河南省郑州市南部,是连接郑州市以南各个城市间的重要交通干线之一。省道 323 线新密关口至登封张庄段改建工程进一步完善了河南省的道路体系,提高了郑州市邻近地区的交通能力,增强了郑州市与新密市、登封市、新郑市、洛阳市等地的经济交流,促进了区域经济的协调发展。

1.5.2　地形地貌

省道 323 线项目位于河南省西部山地与东部平原的过渡带,整体地势西北高东南低,地形地貌复杂。登封市与新密市西邻嵩山和箕山,属低山地丘陵地区,线路中部地段分布于此,主要位于新密市境内,海拔 180～300 m,地势起伏较大,坡谷相间,地形切割较为强烈,沟谷较深,局部低山丘陵间亦有剥蚀平地,属中等复杂建筑场地。

1.5.3　气象条件

1. 气候

路线位于郑州市西南方向,属于典型的温带亚湿润大陆性季风气候,区域内四季分明,年平均降雨量 640.9 mm,降水主要集中在夏季,其余季节可能会出现干旱。

2. 气温

年平均气温 14.4 ℃,全年日平均气温在 0 ℃以上的有 293～312 天。

3．风向与风速

路线区域内风向随季节有明显变化,冬季主要是东北风和西南风,夏季主要是南风,春季和秋季为冬夏交替时间,风向不稳定,但因近地层的风向受地形的影响,各地区有稍许的差别。全年平均风速 3 m/s,最大风速 18 m/s。

1.5.4 水文条件

1．地表水

研究区域内的地表水不发育,线路所经区域属淮河流域,地面径流和入境水为其主要来源,但降水的 60% 集中在 7~9 月的汛期,因此,仅部分降水渗入地下,其余大部分流走。区域内的主要河流、水库有黑水河、泽河、张沟河、渭河、少林河、西河和高马水库等。

2．地下水

因地形变化较大,本区的地下水埋藏深浅不一。地势较高地段,浅表地下水缺乏,主要由降水及河、渠、塘等水渗入补给,水位随四季变化,埋藏较深。项目段属缺水区,多为基岩裂隙水、孔隙裂隙水及矿井排水,地下水埋深一般超过 50 m,最深达 150~200 m,有河流的区域,由于河水补给,地下水位较浅,约 1.5 m。

矿区地形分水岭明显,无大的地表水体,所有含水层均来源于大气降水。在地层浅部风化裂隙带中的地下水,表现为径流型,一边径流一边以渗出形式排泄,故矿区内水点稀少,流向随地形变化;在风化裂隙带以下的含水层,随埋深增加,裂隙减弱,地下水赋存运移空间变小,地下水交替循环缓慢,表现为渗透型。含水层中的地下水运移,受控于含水层产状与构造形态,矿区内地层倾向东,地下水随地层向深处移动,在地表低洼处沿导水裂隙排泄。

3．水文地质条件

研究区域含水组有第四系粉土层、砂卵石土层的孔隙型潜水和二叠系、三叠系的岩溶裂隙水。与该工程相关的是第四系的孔隙型潜水含水组,该含水组以底部砂层、粉土和卵石含水层为主,水力坡度不大,径流量较小,补给依赖于天然降水和河流水渗漏,排放方式主要为蒸发和人工开采。

1.5.5 地质构造及地层岩性

1．地层岩性分布

研究区域地层上部为深厚的新生代第四纪的松散沉积物,岩性为山前冲洪积物,有粉土、粉质黏土和碎石土三大类。路线分布区位于华南地区台南带,地层的层序除缺乏 C_1 外,其余的地层岩性齐全,基岩零星初露,基底为古元古界(Pt_1)至古生界 Pz,中生界三叠系(T),上部覆盖层为新生界第四系(Q)。根据钻探结果、工程地质调查资料显示,沿线地层主要有:第四系全新统,上、中更新统冲、洪、残、坡土层,二叠系砂泥岩,石炭系灰岩,寒武系(局部含奥陶系)灰岩及砂泥岩。沿线灰岩、泥岩、砂岩均有显露,分布不稳定,灰岩呈微风化—中等风化,泥岩呈中等风化,砂岩呈微风化—中等风化。

根据地层显现情况,由新到老为:新生界第四系(Q),上古生界二叠系(P),上古生界石炭系(C),下古生界奥陶系(O),下古生界寒武系(Є)。根据地表调查和钻探结果显示:该地区上部为第四系(Q)覆盖层填土、黄土状粉质黏土、粉质黏土、卵石,其中黄土状粉质黏土属Ⅰ级(轻微)自重非湿陷性黄土,湿陷量 50 mm,对基础无太大影响;下部为上二叠统(P_2)砂岩、泥岩。按地层年代及工程地质特性分为以下几个工程地质单元层,分层描述见表 1.1。

表 1.1　地层岩性分布表

岩体名称	深度/m	厚度/m	特征
人工堆积填土	0	1~2	杂色,松散,以黏性土为主,含少量碎石,偶见砖渣
黄土状粉质黏土	2	6~8	黄褐色,可硬塑,韧性中等,干强度中等,可见大量虫孔及灰白色条纹
卵石(部分)	10	2	黄褐色—杂色,成分以砂岩为主,偶见石英,粒径 4~8 cm,含量约 60%,中密状砂土填充
粉质黏土(部分)	10	3	黄褐色,硬塑,韧性中等,干强度中等,含大量钙质结核,局部呈胶结状,胶结程度较差
全风化页岩(部分)	10	3~4	黄褐色,为强风化泥质结构,层状构造,主要以泥质矿物为主,岩心呈柱状,一般长度为 4~10 cm,锤击易碎
强风化泥岩	14	20~30	黄褐色,中强风化,泥质结构,层状构造,主要以泥质矿物为主,岩心呈柱状,一般长度为 1~8 cm,锤击易碎
强风化砂岩	44	6~10	浅黄灰、黄褐色,中强风化,细粒结构,层状构造,岩心呈柱状,一般长度为 8~12 cm,锤击声脆
煤	50	3	黑色,复杂结构,以碳质矿物为主,含大量夹矸,约 40%,粒径 3.0~6.0 cm
中风化泥岩	53	15~20	青灰色,中风化,泥质结构,层状构造,主要以泥质矿物为主,岩心呈柱状,一般长度为 6~15 cm,锤击易碎
中风化砂岩	70	8~12	灰黄色,中强风化,细粒结构,层状构造,含少量泥质矿物,岩心呈柱状,一般长度为 6~20 cm,锤击声脆

2. 地质构造

本书研究路段的地貌单元属黄土台地丘陵,地质情况较简单,各地层相对较平缓,未见区域性断裂构造和构造破碎带,近代无中强地震记录,未发现泥石流、崩塌、滑坡、土洞等不良地质灾害现象,区域地质稳定性好。

　　3. 不良地质现象

　　根据钻探记录:QK1 钻孔在 22.0 m 处漏水严重,QK2 在 40.30 m 处漏水严重,QK3 钻孔在 11.50 m 处漏水严重。在 50.2 m 处见长 1.0 m 左右的木柱(煤矿巷道支撑结构)。

1.5.6　煤矿开采情况

　　省道 323 线穿过东坪煤矿、大平煤矿和宏达煤矿三处煤矿采掘区,位于采空区范围内的路线总长为 5.04 km。其中大部分位于大平煤矿采掘范围内,长度达 4.04 km。据相关资料显示:其中 1.73 km 在 1993 年前已完成开采,现阶段沉降稳定;有 0.52 km 处于煤层断层地带,今后无采掘活动;剩余 1.79 km 今后存在采掘活动。宏达煤矿采掘范围内今后无采掘活动,且现阶段沉降基本稳定,东坪煤矿采掘范围内今后无采掘活动,现阶段地表正处于沉降期。

　　可采煤层的稳定性如下。

　　M1 煤层:伪顶为灰色泥岩、碳质泥岩,厚度不稳定,开采时随煤层一起脱层垮落;直接顶为浅灰色中厚层状粉砂岩、菱铁质粉砂岩,厚层理不发育,层位、厚度稳定,抗压、抗剪强度高,自然抗压强度平均,饱和抗压强度平均,在开采过程中容易支护,稳固性相对较好,不会脱层垮落,一般在周期施压过程中会垮落。底板为浅灰色粉砂岩、泥质粉砂岩,厚层位厚度稳定,自然块体密度,自然抗压强度平均,抗压强度平均,未发生工程地质问题,稳固性相对较好。

　　M2 煤层:伪顶为厚高岭石泥岩,厚度不稳定,开采时随煤层一起脱层垮落;直接顶为浅灰色中厚层状粉砂岩,层理不发育,层位、厚度稳定,抗压、抗剪强度高,自然块体密度,自然抗压强度平均。在开采过程中容易支护,不会脱层垮落,不易发生工程地质问题,稳固性相对较好。底板为灰色泥岩或深灰色粉砂质泥岩,层位、厚度稳定,抗压、抗剪强度高,自然抗压强度平均,多产生底鼓等工程地质问题,稳固性差。

　　M3 煤层:伪顶为灰色厚泥质粉砂岩,厚度不稳定,开采时随煤层一起脱层垮落;直接顶为浅灰色层状粉砂岩、泥质粉砂岩,层理发育,岩性变化大,层位、厚度稳定,自然块体密度,自然抗压强度,饱和抗压强度,在开采过程中不易脱层垮落,易支护,未发生工程地质问题,稳固性相对较好。底板为浅灰色泥岩、粉砂质泥岩,层位、厚度稳定,抗压、抗剪强度低,自然抗压强度,饱和抗压强度,稳定性差,遇水软化,易产生底鼓、片帮、巷道向内挤压、巷道变形等侧压工程地质现象,难支护,易发生工程地质问题,稳固性差。

　　M4 煤层:伪顶为黑色厚碳质泥岩,厚度不稳定,开采时随煤层一起脱层垮落;直接顶为浅灰色中厚层状粉砂岩、菱铁质粉砂岩,层理不发育,层位、厚度稳定,抗压、抗剪强度高,自然块体密度,颗粒密度,自然抗压强度,饱和抗压强度。在开采过程中容易支护,不会脱层垮落,不易发生工程地质问题。底板为浅灰色泥岩、粉砂质泥岩,层位、厚度稳定,抗压、抗剪强度高,自然抗压强度,饱和抗压强度,易产生底鼓、片帮等侧压工程地质现象,易发生工程地质问题。

M5 煤层:伪顶为灰色厚泥岩,厚度不稳定,开采时随煤层一起脱层垮落;直接顶为浅灰色层状粉砂质泥岩、泥质粉砂岩,厚层理发育,岩性变化大,层位、厚度稳定,自然块体密度,自然抗压强度,饱和抗压强度,在开采过程中易支护,不易脱层垮落,不易发生工程地质问题,稳固性相对较好。底板为浅灰色泥岩、粉砂质泥岩,层位、厚度稳定,稳固性差。

M6 煤层:伪顶为灰色厚粉砂质泥岩,开采时会随煤层一起脱层垮落;直接顶为浅灰色中厚层状泥岩、粉砂质泥岩、泥质粉砂岩,厚层理不发育,层位、厚度稳定,抗压、抗剪强度高,自然块体密度,自然抗压强度,饱和抗压强度,在开采过程中不会脱层垮落,易支护,不易发生工程地质问题。底板为浅灰色泥岩、粉砂质泥岩,层位、厚度稳定,抗压、抗剪强度低,自然抗压强度,饱和抗压强度,稳定性差,遇水软化,易产生底鼓、片帮、巷道向内挤压、巷道变形等侧压工程地质现象,如在工作面切眼内底鼓严重,在暗斜井内局部地段侧压造成支护体呈倒角。总体上巷道难支护,易发生工程地质问题。

参 考 文 献

[1] 中国科学技术情报研究所. 出国参观考察报告:波兰采空区地面建筑[M]. 北京:科学技术文献出版社,1979.

[2] 尤申. 采动区建筑物基础设计要点[M]. 郭福君,刘树滋,译. 北京:煤炭工业出版社,1985.

[3] 煤炭工业部. 建筑物、水体、铁路及主要井巷煤柱留设与压煤开采规程[S]. 北京:煤炭工业出版社,1985.

[4] 颜荣贵. 地基开采沉陷及其地表建筑[M]. 北京:冶金工业出版社,1995.

[5] 何国清. 矿山开采沉陷学[M]. 徐州:中国矿业大学出版社,1991.

[6] 刘宝深,廖国华. 煤矿地表移动的基本规律[M]. 北京:中国工业出版社,1965.

[7] 胡驰. 高速公路下伏采空区稳定性评价与路基变形预测系统的研发[D]. 北京:中国地质大学(北京),2012.

[8] 余学义. 采空对高等级公路影响程度预计分析研究报告[R]. 西安:西安科技学院,1997.

[9] KRATZSCH H. 采动损害及其防护[M]. 北京:煤炭工业出版社,1984.

[10] 姚康. 采空区地表变形的机理及数值模拟研究[D]. 长春:吉林大学,2014.

第 2 章

基于综合无损探测的采空区探测技术

对穿越采空区局部路段的勘察是整个路线勘察的重要组成部分,其结果往往对公路选线、路线方案、工程造价和工期具有控制作用。因此,寻求操作简便、精确度高、系统性强的采空区探测技术,查明公路下伏采空区的位置、深度、形状和体积等实际情况,提供高质量的勘察成果,将直接关系到公路建设的质量及经济效益。

由于地质条件与采矿工艺的复杂性,传统技术难以准确地探测采空区的位置和形态,主要原因有:受矿体赋存形态变化的影响,采空区形态复杂,测量困难,很难圈定边界;采空区开采后发生垮落、塌陷,人员无法进入,不能直接测量;非法、不规则开采形成的不明采空区无资料可查,无法准确查清采空区边界。因此,有效探测采空区的位置、形状和大小是我国公路建设与矿业实施可持续发展战略中所面临的亟待解决的重大问题。

2.1　采空区探测技术研究进展

目前,常用的采空区探测方法主要有三种:工程地质测绘、地球物理勘探和工程钻探,以地球物理勘探为主,辅以工程钻探、工程地质测绘等[1]。

工程地质测绘工作是采空区探测的基础,在整个勘察阶段起到举足轻重的作用,主要包括工程地质调查、采矿情况调查、地表变形观测及矿井井下测量等工程测量工作。工程地质测绘的目的是初步建立采空区的三维地质结构模型[2],主要在物探方法开展之前进行,为物探、钻探工作缩小目标范围,确定探测工作量,优化探测方案,并为最终的地质解释提供依据。但在无人烟、无资料地区开展工作困难,在隐蔽性较大或覆盖较厚的空洞也难以发挥作用。

工程钻探是经常采用的勘察方法,可直接获得地质资料,是采空区探测最可靠的方法,能为稳定性评价提供较准确的采空区空间分布特征及岩体力学参数。但钻探是一种以点带面的勘探手段,勘探周期长、费用高,而且布置的钻孔数量和勘察范围都有限,不易查清采空区的整体分布特征。采空区勘察工作中,钻探一般用来验证工程地质测绘、地球物理勘探方法等得到的结论。

地球物理勘探(简称物探)具有种类方法多样、探测效率高、应用成本低、适应范围广、设备轻便等优点,因此相较于工程地质测绘和工程钻探则得到了最广泛的推广应用[3]。在自然状态或人工干预下,地下介质存在着各种不同的物理场,如重力场、电场、磁场和弹性波场等。而采空区与其周围的岩土介质往往在密度、电性、磁性、弹性、放射性及导热性等方面存在较大差异,这些异常将引起相应地球物理场的局部变化,物探即通过观测各种地球物理场的分布和变化特征,再结合已知的地质资料进行分析研究,进而解决地质问题的一种勘测方法[1]。根据所研究地球物理场的不同,通常可将物探方法分为以下几类:电法、电磁法、地震法、微重力法、放射性法和地热测量法等。各类物探方法里又包含很多具体的探测方法。目前,在采空区探测中最为常用的物探方法主要有瑞利面波法、地震反射波法、高密度电阻率法、瞬变电磁法、探地雷达法、层析成像法、遥感技术、微重力法及声波测井法等。

采空区的探测,目前国内外主要是以采矿情况调查、工程钻探、地球物理勘探为主,辅以变形观测、水文试验等。其中,美国等国家以物探方法为主,我国以往主要借助于钻探,近些年物探方法的应用也越来越多。

在美国,探测采空区的方法和技术种类非常多,电法、电磁法、微重力法、地震法等各种地球物理探测方法的技术已经颇为成熟,在这些物探方法中,高密度电阻率法与高分辨率地震勘探技术最为突出。近几年地震电子计算机断层扫描(computed tomography,CT)技术也逐渐应用于采空区等地下空洞探测。日本的地球物理探测技术在国外同行业中处于领先地位,他们投入研究和使用最多的是地震波法。此外,电法、电磁法及地球物理测井等方法也应用较多。20 世纪 80 年代,日本 VIC 公司开发研制的佐藤式全自动地下勘察机("GR-810"型),在地下空洞探测中效果良好,其后续推出的一系列产品也在国际上处于领先水平[4]。欧洲很多国家在地球物理探测方法技术上也取得了很多成果。俄罗斯在进行采空区探测时主要采用高密度电阻率法、地震反射波法、瞬变电磁法、井间电磁波透射法及射气测量技术等,而英国、法国主要使用地质雷达法,微重力法和浅层地震法也有使用。

国内在利用地球物理勘探技术查明地下采空区方面做了大量的工作,发展了多种方法,如地质雷达、弹性波 CT、超声成像测井、卫星遥感(RS)等,也广泛应用了高密度电阻率法、高分辨率地震勘探等综合勘察技术[5-14]。随着信息技术的发展,信息处理速度和测量精度不断地提高,物探将逐渐成为我国地下空洞探测的一项重要技术手段[1]。

近几年,三维激光扫描技术由于其具有非接触、高精度、高效率、测距远等优势,被广泛应用于矿山采矿区精密探测。目前,奥地利的 Riegl 公司,德国的 Leica 公司,美国的 Cyra、Trimble、Faro 等公司开发出的三维激光扫描仪产品已在数字城市、军事工程、土木工程、文物保护、逆向工程、工业测量等诸多领域得到成功应用。由于地下采空区的高温、高湿、高粉尘及空间狭小等恶劣条件,当前适合在井下使用的仪器主要有北京矿冶研究总院的 BLSS-PE、加拿大 Optech 公司的 CMS 和英国 MDL 公司的 CALS[15-19]。目前世界上先进的采空区整体解决方案是利用瞬变电磁法、高密度电阻率法等地球物理勘探方法探测采空区的大概位置,再使用激光扫描设备对采空区进行数字化和可视化,达到科学探测采空区的目的[20]。

2.2　采空区勘探原则

采空区问题对人类生命财产安全的威胁和普遍性,已引起各国的广泛重视。由于采空区具有隐蔽性、复杂性、突然性和长期性等显著特点,截至目前,在采空区的勘察、稳定性评价、治理及其质量监控等方面尚未形成成熟的理论体系。采空区的隐蔽性是指地下地质条件和受力状况复杂多变,其特征难以弄清;复杂性是指采空区受多种自然和人为因素影响,其沉降的机理和过程及对地表、地表上的构筑物和环境的影响规律非常复杂;突然性是指采空区的失稳和塌陷的时间难以准确预测;长期性是指采空区的活化失稳是一个长期的过程,可能持续几年或几十年,甚至上百年,它是一个缓慢的变形过程。针对采空区的上述特点,公路下伏采空区的勘察一般遵循如下原则:

(1) 总原则是以采矿调查为主,有条件时进行井下测量,辅以物探和必要的钻探;

(2) 采空区各种探测方法互有优缺点,需互相配合和补充;

(3) 电法、电磁法、地震法、微重力法、放射性等物探技术具有多解性和偏重性,应采用综合物探技术;

(4) 单一的勘测手段往往只能得出片面的信息,只有把地质、物探、钻探三者有机结合起来,才能起到事半功倍的效果;

(5) 公路工程的各个阶段勘察任务的重点有所不同,在预可、工可阶段,初勘,详勘,应选择合适的勘测方法组合和工作量。

应用于地下空洞探测的地球物理勘探技术种类繁多,如何从中选取信息量最大、最可靠的方法和确定其应用顺序,如何分配各种方法的经费以获取最大效果就成为首要的问题。各种方法都有其特点、适用条件和应用范围,因此,公路下伏采空区的勘察必须根据该类工程的特殊技术要求、场地地质条件及物探方法的特点和适用条件,选择相应的物探方法及其组合,可遵循以下基本原则进行。

(1)选择信息匹配的物探方法。一般情况下,综合方法包括能给出相应信息的地球物理方法,即这些方法能测量不同物理场的要素或同一物理场的不同物理量。

(2)确定工作顺序。严格遵循以提高研究精度为特征的工作顺序,尽可能地降低工程费用,增加信息密度。

(3)合理组合基本方法与详查方法。利用一种或多种基本方法按均匀的测网调查全区,其余的方法作为辅助方法,以较高的详细程度在已由基本方法、资料确定的地段上或个别测线上进行。基本方法尽可能简便、经济、高效。

(4)考虑应用条件。选择综合方法时,除考虑地质地球物理条件外,还应考虑地形、地貌、干扰及其他因素,如山区地形条件下,地震法、电法可能受到限制。

(5)地质、物探、钻探进行配合。在进行物探调查之后,对查明的异常地段用工程地质方法做详细研究。在钻孔或巷道中,除测井外还要进行地下物探方法的观测。在所取得的资料基础上,对现场物探结果重新解释,加密测网并利用早先未采用的方法完成补充物探工作,然后在有远景的地段布置新的钻孔进行更详细的研究。

(6)工程经济效益原则。选择合理的综合物探方法既要考虑工程效果,又要考虑经济效益,即以工程经济效益为基础。这样可获得各种不同方法相配合的效益资料,并且考虑到方法的信息度和成本。

(7)工作布置原则。物探工作一般应平行和垂直于路线布设测线,并采取岩土样品进行必要的物性测试。在工程物探前,应在已知的采空区上方进行物探方法有效性现场试验,确定该地区的工程物探方法。

2.3 物探方法简介

2.3.1 电法勘探

电法勘探是一种非常实用的勘察技术,包括电测深法、电剖面法、高密度电阻率法、充电法和激发极化法等,特别是高密度电阻率法在采空区等空洞的探测中应用广泛。高密度电阻率法是近年来国际上兴起的一种新的电法勘探变种,该法在理论上与其他电阻率法相同,仍然以岩土的导电性差异为基础,研究在外加电场的作用下,地层中传导电流的分布规律。岩层与岩层之间、岩层与煤层之间及采空区与其围岩之间的电阻率差异是采用电阻率法探测采空区的物性前提。这种方法的优点是探测深度大,可达 150 m,是地质雷达、瑞利波等方法所不能比拟的,而且较普通电测深法拾取的信息量更大。高密度电阻率法示意图如图 2.1 所示。

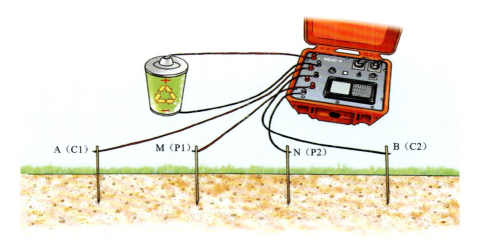

图 2.1　高密度电阻率法示意图
A、B 为供电点;M、N 为任意测量点

2.3.2　地震法勘探

地震法勘探主要研究人工激发的地震波在地质体中的传播规律,以探测浅部地层与构造的分布,或测定岩、土的力学参数特征等,探测深度在数百米之内。采空区探测方法中常用的包括瞬态瑞利波法、高分辨率浅层地震法和弹性波 CT 法等。地震折射波法对探测浅部采空区效果较好,但受地表干扰影响较大,一般探测深度有限;高分辨率反射波法也是探测空洞的有效方法,特别是采用横波勘探,可提高分辨率;钻孔弹性波是近年来新兴的一项技术,可以直观地以剖面形式给出两钻孔间采空区等地质异常体赋存的状态,从而确定异常范围;瞬态瑞利波法探测空洞主要是利用测试曲线的异常(如间断、错乱)来判断采空区的存在,而且其可代替测定值,大大减少了波速勘察的成本。

2.3.3　电磁法勘探

电磁法勘探就是通过在井中、地表或空中观测电磁场源(人工的或天然的)所产生的电磁场各分量的变化,达到解决岩土工程问题的目的。电磁法勘探种类较多,包括瞬变电磁法、地质雷达法、频率电磁测深法、超低频电磁法和声频大地电磁法等,在采空区等空洞探测中常用的方法主要是瞬变电磁法和地质雷达法。电磁法勘探对于采空区大面积普查有很好的效果,可在一定程度上确定空洞的特征,并可探测深部采空区。近年来,地质雷达法的应用大大提高了采空区的勘察精度,可以比较准确地划定采空区的三维空间特征,甚至可以直接探测到较小的空洞。电磁法勘探示意图见图 2.2。

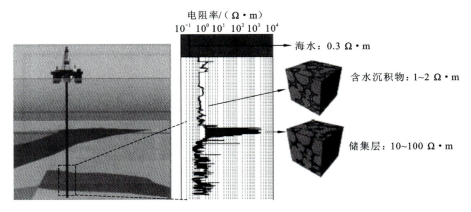

图 2.2　电磁法勘探示意图

2.3.4　地球物理测井

常规测井包括密度测井、声波测井、电阻率测井和放射性测井,以获取地层参数为主。利用孔内常规测井和钻孔超声成像测井的组合,可以探测采空区及其上部地层的性质,获取孔壁周围一定范围内地层的各种物性和电性参数,确定采空区"三带"在钻孔中的分布发育情况。特别是超声成像测井,是一种较为先进和精密的地球物理测井系统,具有测度快、精度高、方便灵活和随测即显的特点,当场就能看到直观感较强的孔壁图像。通过对图像与数据资料的分析,便可获得地层产状、钻孔几何形态和其他物理参量。特别是对无岩心钻或少岩心钻时钻孔质量的检查,以及地层层理和裂隙的分析、统计及评价,岩性分辨尤为方便。地球物理测井示意图见图 2.3。

图 2.3　地球物理测井示意图

2.3.5　放射性法勘探

放射性法勘探是基于测量放射核素放出的 α、β、γ 射线及中子的一类方法。放射性法勘探可分为两大类：天然放射性方法和人工放射性方法。目前在采空区探测中主要使用氡射气勘探，通过 α 粒子强度的异常区（线状异常或环状异常），来判定采空区平面位置和范围，但应注意由于该法的定向性不高，而且在地表浅层区受干扰较大，常会出现较多的异常，故需与邻近地段进行比较。其主要作为大面积普查的一种方法。

2.3.6　微重力法勘探

地下采空区与围岩之间存在密度差和剩余质量，从而在地面上产生重力效应，为微重力法勘探提供了地质基础。该法在探测埋深浅、范围小的地质体方面发挥了较好的作用，但由于异常量级和范围一般都非常有限，因此对其使用要求比较严格。高精度重力仪如图 2.4 所示。

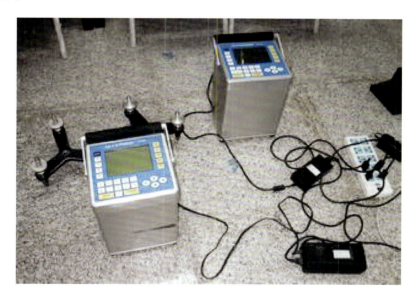

图 2.4　高精度重力仪

2.3.7　各种物探方法的使用条件及特点

采空区勘察中几种常用物探方法的使用条件及其解译特征见表 2.1。

表 2.1　典型采空区物探方法一览表

物探方法	适用条件	成果形式及解译特征
高密度电阻率法	采空区与围岩有明显的电性差异,地形起伏不大,适合探测较浅采空区,埋深 $h \leqslant 100$ m	电测剖面图:采空区充气或为空洞时,视电阻率与围岩相比,呈高阻异常,充水时,为低阻异常
瞬变电磁法	采空区与围岩有明显的电性差异,适合探测中等深度采空区,埋深 $h \leqslant 500$ m	视电阻率剖面图:采空区未充填时表现为高阻异常封闭圈,如有水体存在,则表现为相对低阻异常封闭圈
地震折射波法	适合近地表浅层采空区探测	地震时间剖面图:地震反射波频率降低,波形紊乱,产生中断、绕射、畸变
瑞利波法	采空区与围岩有明显的波速差异,瞬态面波法:埋深 $h \leqslant 100$ m;稳态面波法:埋深 $h \leqslant 300$ m	地震时间剖面图:波形有"绕射弧"出现或频散曲线;曲线产生中断、错乱或"之"字形异常
氡气测量法	有土层覆盖,属于定性测量,场地适应性强,且不受电磁影响,探测深度较大	测氡曲线:有一定规律的、可对比的"高氡值"异常(采空区未充水)

2.4　高密度电阻率法探测采空区

2.4.1　高密度电阻率法基本原理

1. 垂向直流电测深法的原理

垂向直流电测深法是研究指定地点岩层的电阻率随深度变化的一种物探方法[21]。该方法是在地面上以测点为中心,由近及远逐渐增大观测装置的距离进行测量,根据视电阻率随极距的变化可划分不同的电性层,了解其垂向分布,计算其埋深与厚度。

2. 电测断面法的原理

电测断面法是研究岩层电阻率在一定深度范围内水平方向上物性变化的一种探测方法[21]。该方法是在供电和测量电极保持一定距离,按照一定的探测深度,沿着测线方向逐点进行观测,获得电阻率曲线,以此反映一定深度内电性层的变化情况。

3. 高密度电阻率断面探测法的基本原理

高密度电阻率断面探测法是基于垂向直流电测深法与电测断面法两个的基本原理,通过高密度电阻率法测量系统中的软件,控制着在同一条多芯电缆上布置连接的多个(60~120)电极,使其自动组成多个垂向测深点或多个不同深度的探测断面,根据控制系统中选择的探测装置类型,对电极进行相应的排列组合,按照测深点位置的排列顺序或探测断面的深度顺序,逐点或逐层探测,实现供电和测量电极的自动布点、自动跑极、自动供电、自动观测、自动记录、自动计算和自动存储。通过数据传输软件把探测系统中存储的探测数据调入计算机中,对数据进行软件处理后,可自动生成各测深点曲线及各断面层或整体地电断面的图像。

2.4.2 电极排列方式

由于不同地质构造存在着非常大的差异,同一种方法很难满足复杂多变的地质环境,我们需要不同的探测方法来针对一些特定的情况,因此我们在电极的布置上提供了多种选择,不同的电极布置方法对某一种或某几种地质情况都是更加有效的。通常来说,最常见的装置有 α 排列(温纳装置 AMNB)、β 排列(偶极装置 ABMN)、γ 排列(微分装置 AMBN)。我们在实际进行探测时,可以针对实测的目的使用一种装置,也可以设置几种装置方式,把不同装置的探测结果进行对比,得出更加真实有效的结果[22]。

2.4.3 三种装置的适应条件与联系

在高密度电阻率法二维勘探中,通过实验总结出:对于复杂的地质问题,宜使用偶极装置(β);对于水平的地质体,宜使用温纳装置(α);对于垂直或方形、圆形的孤立地质体,适合使用偶极装置[23]。当地形起伏较小时,各装置均能较好地显示各地层;当地形起伏较大时,温纳装置能完整地显示各地层,微分装置、偶极装置次之;对覆盖层厚度进行探测时,温纳装置最准确,微分装置、偶极装置次之。偶极装置对垂向电性变化最灵敏,适应于测量垂向电性变化大的地质剖面。

2.4.4 高密度电阻率法的特点

(1)高密度电阻率法是探测地下煤矿采空区的一种有效方法,与其他物探方法相比较,具有效率高、地电信息丰富和探测精度高的优点,而且能做定量解释。

(2)高密度电阻率法具有电极距小、数据采集密度大的特点,反演的断面图能直观、形象地反映断面电性异常体的形态、规模、产状和埋藏深度等。通过断面电性异常体的形态、规模和产状,结合地质调查结果,可以较准确地推测出地质体的空间形态、地层岩性和断裂等情况。地表通过不同电极距的布设可采集到反映地下不同点、不同深度的视电阻率值,而视电阻率值蕴含着各种地质体的分布信息。

(3)高密度电阻率法异常特点明显,对于解决采空区及其他孤立地质体,可以得到清晰、直观的二维效果。

(4)高密度电阻率法成本低、效率高,在适合的探测区域内能够达到非常好的效果,是其他物探方法不能比拟的。

(5)随着探测深度的增大,供电电极(隔离系数)也需增大,观测断面上不可避免地产生"边缘损失",即深度越大,探测的范围越小,常常形成"倒梯形"形状。受测量电极间距、隔离系数的限制,该方法的探测深度相对较浅。当观测断面附近有用电电源时,该方法的观测结果会受到地下游散电流的影响。

2.4.5　高密度电阻率法探测的应用

根据省道 323 线改建工程道路情况,选取沉陷较大的两个断面进行探测,探测设备与现场情况如图 2.5 和图 2.6 所示。

图 2.5　高密度电阻率法探测设备

图 2.6　高密度电阻率法探测现场

（1）探测断面 1:桩号为 K27+760~K28+063,共 102 个电极,电极间距 3 m,测线总长 303 m,由于此处地势起伏较大,反演时加入高程因素。反演结果如图 2.7 所示。

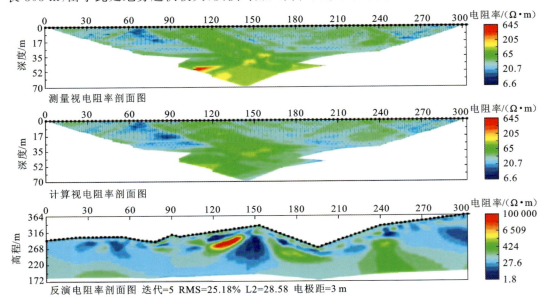

图 2.7　探测断面 1 视电阻率剖面图

由图 2.7 可以看出,在测线 120~145 m 即桩号 K27+880~K27+905 处存在一个相对高阻异常体,埋深约为 50 m,推断此处为未充水采空区。

(2) 探测断面 2:桩号为 K29+980~K30+253,共 92 个电极,电极间距 3 m,排列长度为 273 m,此处地势起伏,反演时加入高程因素。反演结果如图 2.8 所示。

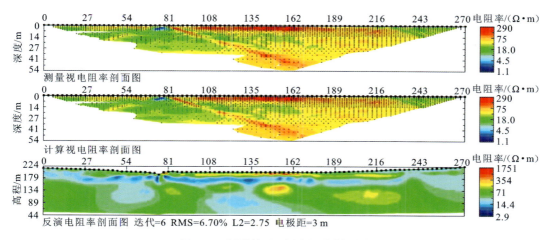

图 2.8　探测断面 2 视电阻率剖面图

由图 2.8 可以看出,在埋深 10 m 左右的地层中,整体电阻率值偏低,推断为由 72 m 处的桥板河水流浸入卵石地层所致;在测线 36~72 m 段高程 134 m 附近有一很大区域的低阻体,从起点 0 m 到 68 m 都是农田,有较厚覆盖层,而且桥板河几乎干涸,该处很可能是一含水率较高的破碎岩层;测线 100~162 m 段高程 134 m 以下视电阻率值同样偏低,低值异常继续向下延伸,未形成等值线封闭圈,超出了高密度电阻率法探测深度范围,也可能是含水率较高的破碎岩层;测线 140~160 m 段即桩号 K30+120~K30+140 处,埋深约 55 m,表现为相对高阻异常,异常等值线形成完整封闭圈,推断为未充水采空区。

2.5　瞬态瑞利波法探测采空区

2.5.1　瞬态瑞利波法探测采空区的研究进展

瞬态瑞利波法是地震勘探方法的一种,地震勘探主要是通过人工激发地震波,研究地震波在地质体中的传播规律,来测定岩、土的力学参数特征,以查明浅部地层和构造的分布,其探测深度可达百米。采空区探测中常用的地震勘探法主要有瞬态瑞利波法、弹性波CT 法和高分辨率浅层地震法等。瞬态瑞利波法探测采空区主要是利用频散曲线的异常来判断采空区的存在。频散曲线是描述瑞利波的传播相速度随波的频率变化而变化的曲线。瑞利波在成层介质中具有频散特性,瑞利波速为同介质中横波波速的 0.862~0.955

倍,介质的强度与介质的速度之间又有着一定的相关关系,因此可根据横波速度随深度的变化曲线来反演岩土层的物理状态和特征。若地下介质中存在采空区,频散曲线会在采空区存在的深度范围内出现间断、错乱、"之"字形等异常[24],由此可根据瑞利波频散曲线异常的位置来判断地下采空区是否存在及其埋深和发育状况。

瑞利波是由英国学者瑞利(Rayleigh)在 1887 年首次发现的,并被命名为瑞利波(Rayleigh wave)[25],之后人们就开展了对瑞利波的研究。在天然地震中,瑞利波是危害性最大的一种地震波;在浅层反射及折射人工地震勘探中,瑞利波是一种强干扰波。因此,在早期对瑞利波的研究中,人们往往试图根据瑞利波的特点来削弱它的危害或消除它的影响。

20 世纪 50 年代初,人们发现了瑞利波在层状介质中所具有的频散特性,自此以后瑞利波逐渐被作为有效波应用到地球物理问题的研究中。尤其是 1980 年以后,瑞利波已在地震灾害预测研究、地球内部结构研究、近表面地球物理工程和超声无损检测等领域中获得了广泛应用。1983 年,Stokoe 等[26]所做的瞬态瑞利波法勘探试验,真正地引起了人们对瞬态瑞利波勘探方法的兴趣,他们利用锤击震源通过两个检波器之间波的互谱相位信息,求出了道路断面的瑞利波速度分布。l983 年,Nazarian 等[27]又提出了表面波谱分析方法(spectral analysis of surface waves,SASW),进一步利用频散曲线求取了高速公路路基、路面的剪切波波速剖面。此后,国内外学者不断改进表面波谱分析方法并将其应用到许多工程中。1999 年,Xia 等[28]和 Park 等[29]提出了一种区别于仅仅利用一对检波器接收信号来反演测算近地表剪切波速的新方法,即多道面波合成分析法,为瞬态瑞利波法探测技术的进步做出了巨大贡献。

由于瞬态瑞利波法具有抗干扰能力强、浅层分辨率高、快捷轻便、衰减小和无损等特点,而且不受各地层速度关系的影响,近年来,其在探测采空区等空洞中的应用越来越多,诸多工程探测实例证明其有较好的勘探效果[30-36]。国内外学者通过对这些工程实例进行分析,积累了丰富的经验,为瞬态瑞利波法勘探技术的发展做出很大的贡献。随着瑞利波探测技术的广泛运用,其现场测试技术、资料解释与正反演计算等方面也将得到更好的完善。

2.5.2　瑞利波的传播特性

地震波按其传播特性可分为体波和面波两大类。体波包含横波与纵波,这两种波可以在三维空间中向任何方向传播,而面波是由于介质分界面的存在而产生的,仅在分界面附近传播。面波又有拉夫波、斯通利波和瑞利波三类,拉夫波主要与弹性半空间自由表面上的低速薄层相联系,而斯通利波是在弹性半空间介质内部的分界面上,瑞利波则主要存在于弹性半空间自由表面或疏松的覆盖层内。

1887 年,英国学者 Rayleigh 首次在理论上证实瑞利波的存在,它是由体波中的纵波(P 波)和垂直偏振横波(SV 波)在自由表面相互干涉叠加形成的[37]。在天然地震中,瑞利波破坏力最大,其在地表附近传播过程中使地表剧烈起伏、挤压或拉伸,造成建筑物破坏,给人民生命财产造成巨大的威胁。近年来,人们发现利用瑞利波的频散特性和其速度与岩土力学性质间的相关性可以解决许多单用纵波勘探无法解决的工程地质问题,于是发展了瑞利波勘探方法。

相对于体波,瑞利波具有一种特殊的性质,在均匀各向同性的介质中,其相速度和群速度一致,而在层状介质中,其相速度则随着频率的变化而变化,称为频散现象。由 $\lambda_R = \dfrac{V_R}{f}$ 可知,不同的面波波长对应不同的频率,通过测量不同频率下介质的面波速度,即可计算分析出对应的深度,由此推测出不同深度介质的岩体类型或结构类型。对于不同的介质,瑞利波水平和垂直振幅的主要能量均大部分集中在深度小于一个波长内,即认为瑞利波的穿透深度约为一个波长。

瑞利波的传播特点主要如下[38]:

(1) 瑞利波沿自由界面水平方向传播,振幅能量沿深度方向呈指数规律迅速衰减;

(2) 在各向同性半空间介质中,当泊松比为 0.25 时,瑞利波速约等于 91.94% 的横波速度,即略小于横波速度;

(3) 瑞利波质点的振动整体上呈椭圆状,以逆时针方向转动,在深度为 19.3%λ 时,由逆时针变为顺时针;

(4) 在半无限均匀弹性介质中的瑞利波速度与频率无关,即没有频散;

(5) 在层状介质中,瑞利波相速度随着频率变化而变化,即出现频散现象;

(6) 瑞利波能量强,频率低,速度低,沿深度方向衰减快。

在面波勘探中,基于震源、接收方式和资料处理方法的不同,有稳态面波法和瞬态面波法两种。本书采用瞬态瑞利波法,用重锤下落人工激发震源产生瑞利波,地表在脉冲荷载作用下产生振动。在离震源一定的偏移距处,用检波器接收并记录面波的垂直分量。每次激发产生大量不同的频率成分,接下来对记录的瑞利波信号做频谱分析和处理,可以得到表征频散波频率与速度间关系的频散曲线,进而根据频散曲线特征分析解决所探测的地质问题。瞬态法具有设备轻便、经济和分辨率高等优点[39]。

当采空区未发生塌陷时,以空洞的形式保存下来,瑞利波传播到这些位置时将突然消失或产生散射,在频散曲线上表现为在采空区顶板处明显的"之"字形拐点,即速度迅速下降,依据这一特性,可以确定未塌采空区的范围。采空区发生塌陷后,煤层上部地层结构疏松,使得传播于其中的瑞利波速度降低,在频散曲线上表现为受影响地段内瑞利波速度显著降低,依据这一特性可以确定塌陷区的范围,在纵向上确定塌陷影响范围[40]。

2.5.3　瞬态瑞利波法的探测结果

本书依托"河南省 S323 线新密关口至登封张庄段改建工程"项目,在路面沉陷区域利用 Geometrics Geode 浅层地震仪通过瞬态瑞利波法探测方式探测下伏煤矿采空区。

在高密度电阻率法测出的疑似采空区处布置瑞利波法测线,测线中心桩号分别为 K27+900、K30+142。根据前期地质调查及工程钻探情况,以及现场场地限制,均采用人工落锤激发地震波,并在地面落锤处放置一钢板来提高信噪比,两条测线的布设情况如下:

(1) 以 K27+900 为中心,测线布设总长 46 m,道间距 2 m,24 道检波器接收,最小偏

移距 5 m,采样率 0.25 ms,采样时间 400 ms;

　　(2) 以 K30+142 为中心,测线布设总长 69 m,道间距 3 m,24 道检波器接收,最小偏移距 18 m,采样率 0.25 ms,采样时间 500 ms。

　　现场采集情况如图 2.9 与图 2.10 所示。

　　　　(a) 检波器及测线　　　　　　　　　　　　(b) 设备主机

图 2.9　浅层地震仪示意图

　　　　(a) 布设过程　　　　　　　　　　　　(b) 数据采集过程

图 2.10　浅层地震仪瞬态瑞利波法现场探测示意图

1. K27+900

　　图 2.11 是在项目地实际测量得到的单炮记录,在第 4～8 道检波器,140 ms 时刻开始出现绕射波。利用 Geogiga Seismic Pro 8.0 软件进行反演分析,提取能量频散谱,如图 2.12 所示。从图 2.12 中可看出,频散谱在 24 Hz 左右出现错断,进一步分析结果表明,在地下深度约 52 m 处存在一个异常体,这与高密度电阻率法探测结果基本一致,判定此处为采空区。

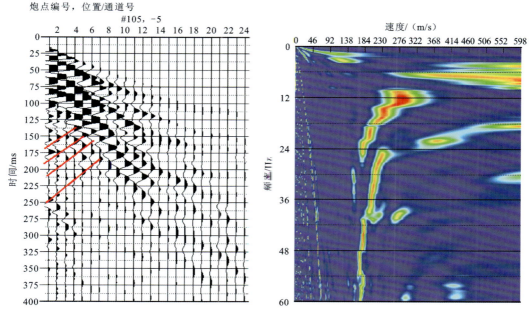

图 2.11　K27＋900 处浅层地震仪实测单炮记录　　　图 2.12　K27＋900 处频散谱图

2. K30＋142

图 2.13 是在现场实际测得的单炮记录，图中在第 8～11 道检波器，300 ms 时刻开始出现绕射波。利用 Geogiga Seismic Pro 8.0 软件进行反演分析，提取频散谱图，如图 2.14 所示。从图 2.14 中可以看出，频散谱图在 18 Hz 左右出现错断弯曲，进一步分析结果表明，在地下深度约 50 m 处存在一个异常体，这与高密度电阻率法探测结果基本吻合，推断为采空区。

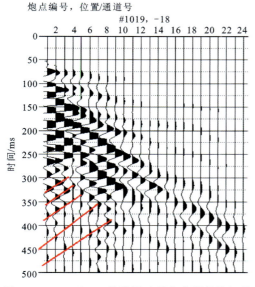
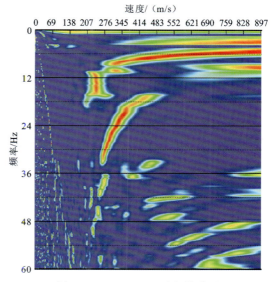

图 2.13　K30＋142 处浅层地震仪实测单炮记录　　　图 2.14　K30＋142 处频散谱图

2.6　公路下伏采空区瞬态瑞利波传播数值模拟

目前,通过瑞利波的探测结果来确定采空区位置时,反演的频散谱图不直观、较难分辨,不便于一般工程技术人员识别。本书基于交错网格有限差分数值模拟程序,模拟瑞利波在不同类型采空区的地质模型中的传播规律,得到一系列的瑞利波波场快照和单炮记录,并与现场探测结果进行对比分析,研究采空区的尺寸、埋深及充填物等对瑞利波波场的影响,可以为实际工程中瞬态瑞利波法探测所得地震记录的解译提供理论依据,并为采空区结构参数的反演解译提供便于判别的理论基础。

2.6.1　瞬态瑞利波传播正演模拟研究进展

地震波场正演数值模拟是指在给定地质体结构模型和相应的物性参数条件下,通过数值计算来模拟地震波在地质体中的传播过程,进而总结出地震波场的运动学、动力学规律,同时获得各观测点处地震记录的一种地震模拟方法[41]。地震波场正演数值模拟在地震勘探的数据采集、数据解译等各个环节都发挥着重要作用。在进行地震资料采集前,设计野外数据观测系统关系到采集数据的好坏,利用正演数值模拟技术可以高效地确定得到最佳分布的覆盖次数、炮检距、反射能量等最优观测系统[42]。在地震数据处理过程中,正演模拟技术可以检测各种反演方法和技术的优劣性,并对反演解译结果进行论证分析。另外,不同的地质类型对应着不同的地震响应规律,所以可以通过对不同地质体模型进行地震波场正演数值模拟,得到对应的地质剖面,从而建立起多种典型地质体的地震响应图集,用来指导反演过程即波场识别和解译。

波动方程数值模拟方法是瞬态瑞利波场数值模拟的主要方法,其模拟的地震波场包含了地震波运动学与动力学方面的属性特征,波的种类丰富,能够进行全波场模拟。目前波动方程数值模拟方法又包括有限差分法、有限元法、边界元法、伪谱法、谱元法等。上述模拟方法各有优势和不足。有限元法和边界元法对于处理地表不规则、起伏较大等情况能力较强,但计算量大,对计算机内存要求较高;伪谱法占用内存相对较小,计算速度快,但不适用于起伏地表等复杂地形;谱元法将有限元和谱展开相结合,对处理起伏地表较适用,且一定程度上降低了计算时间和内存要求;有限差分法尤其是交错网格有限差分法,相比于上述四种方法,计算精度比较高,运算速度较快,占用内存少,也能较好地处理起伏地表等复杂介质,因此在瞬态瑞利波场数值模拟中得到了广泛运用。

尽管目前关于瞬态瑞利波场正演数值模拟的研究已有很多,但是现有的研究中地下介质模型主要是断层介质、水平层状介质、含低速夹层、起伏地表和含溶洞介质等均匀或非均匀半空间模型[43-50],关于含采空区的地下介质模型的瑞利波场正演研究较少,因此,有必要对此进行深入的研究。

2.6.2　瑞利波在不同类型采空区中的传播正演数值模拟

地质模型尺寸均取为 500 m×200 m,假设每层地质为各向同性介质,模型空间网格剖分大小为 $\Delta_x=\Delta_z=1$ m,时间采样率为 $\Delta_t=0.2$ ms,采样时间为 500 ms,震源置于模型水平地表中心位置,即 (250,0) 处,震源函数主频为 30 Hz,检波器位于地表 x,即 50～450 m,与水平方向网格节点位置相同,即道间距 1 m。

1. 均匀半空间介质模型

图 2.15 为均匀半空间介质模型,模型的纵、横波速度分别为 1500 m/s 和 800 m/s。图 2.16～图 2.19 分别是瑞利波传播至 50 ms、100 ms、150 ms、200 ms 时的波场快照,图 2.20 是最终模拟得到的均匀半空间介质模型的单炮记录。

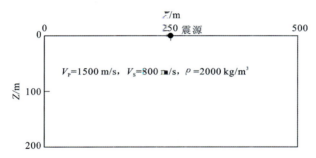

图 2.15　均匀半空间介质模型示意图

X 为水平距离;Z 为纵向深度

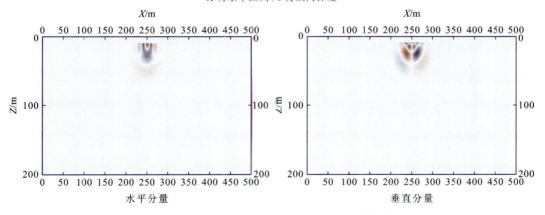

水平分量　　　　　　　　　　垂直分量

图 2.16　均匀半空间介质模型 50 ms 时的波场快照

从图 2.16～图 2.19 可以看出,不论是速度水平分量还是速度垂直分量,震源激发之后,地震波逐渐向周围扩散,可以清晰地分辨出瑞利波、横波和纵波,其中瑞利波沿近地表传播,速度略低于横波,纵波速度最快,还可以看出瑞利波能量高于横波和纵波,且在水平方向的衰减速度低于垂直方向。

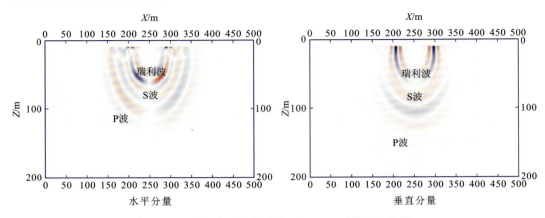

图 2.17　均匀半空间介质模型 100 ms 时的波场快照

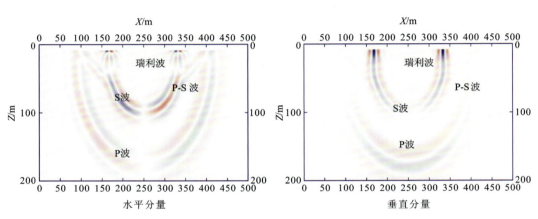

图 2.18　均匀半空间介质模型 150 ms 时的波场快照

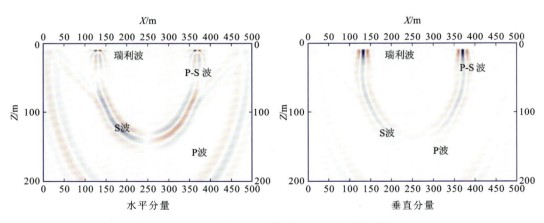

图 2.19　均匀半空间介质模型 200 ms 时的波场快照

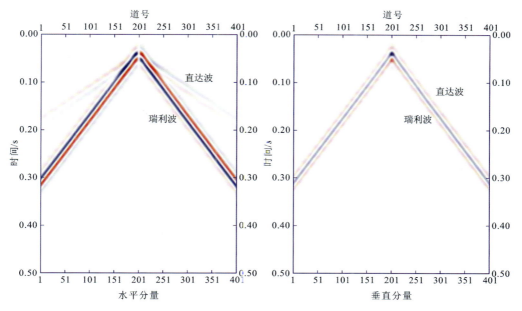

图 2.20　均匀半空间介质模型的单炮记录

　　在图 2.20 的单炮记录中,瑞利波呈一条直线,分布在直达波下面,说明其未发生频散现象,速度低于纵波和横波,而且能量明显高于纵波和横波。上述结果验证了瑞利波在均匀半空间介质模型中无频散现象的传播特性。

2. 三层半空间介质模型

　　在实际地层中,均匀半空间介质并不存在,而是多为层状介质,多数情况下更为复杂。建立三层半空间介质模型,模型第一层和第二层层厚均为 20 m,速度逐层递增,各层的弹性参数如图 2.21 所示,图 2.22～图 2.25 分别是瑞利波传播至 50 ms、100 ms、150 ms、200 ms 时的波场快照,图 2.26 是最终模拟得到的三层半空间介质模型的单炮记录。

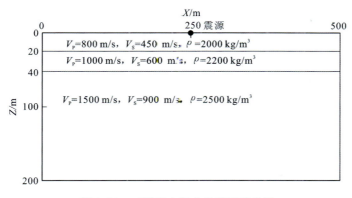

图 2.21　三层半空间介质模型示意图

X 为水平距离　Z 为纵向深度

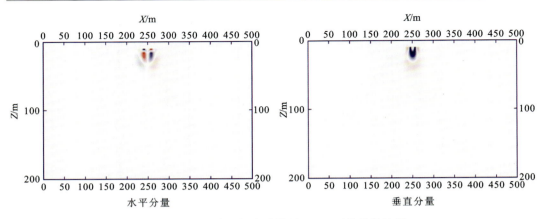

图 2.22   三层半空间介质模型 50 ms 时的波场快照

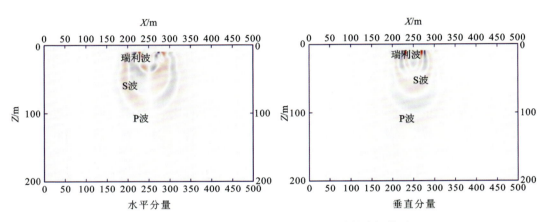

图 2.23   三层半空间介质模型 100 ms 时的波场快照

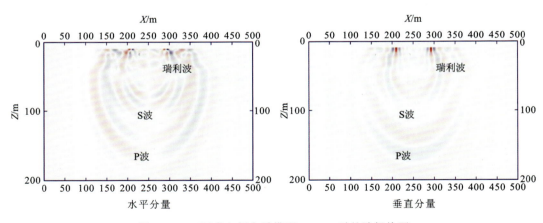

图 2.24   三层半空间介质模型 150 ms 时的波场快照

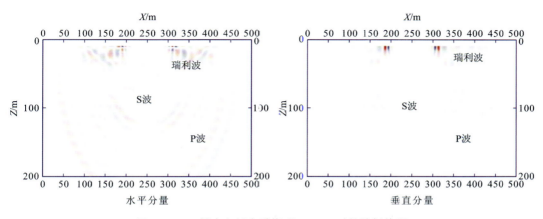

图 2.25 三层半空间介质模型 200 ms 时的波场快照

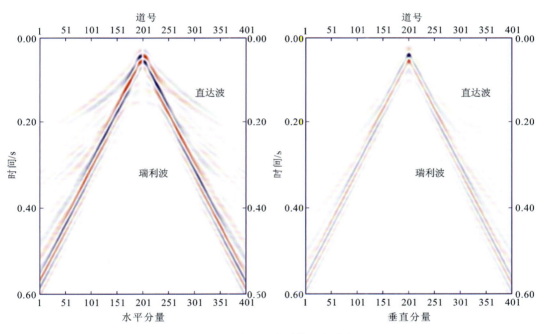

图 2.26 三层半空间介质模型的单炮记录

从图 2.22～图 2.25 的波场快照可以看出，震源激发之后，地震波逐渐向周围扩散，根据传播速度和能量大小可以分辨出瑞利波、横波和纵波，当波传播至 200 ms 时，波场变得更加复杂，在两个分界面上，存在着大量错乱的能量轴，这是因为波传播至两个分界面时产生了大量的反射横波和反射纵波，各种反射波在地表附近相互干涉叠加形成瑞利波，或者由地表再次反射。

从图 2.26 的单炮记录中也可看到瑞利波形不再是一条简单的直线，而发生了频散现象。上述结果验证了瑞利波在层状介质中的频散特性。

3. 均匀半空间含采空区介质模型

在模型埋深 30 m 处存在一个大小为 15 m×15 m 的采空区,采空区左边界距离震源 50 m,模型的弹性参数如图 2.27 所示。图 2.28～图 2.31 分别是瑞利波传播至 50 ms、100 ms、150 ms、200 ms 时的波场快照,图 2.32 是最终模拟得到的均匀半空间含采空区介质模型的单炮记录。

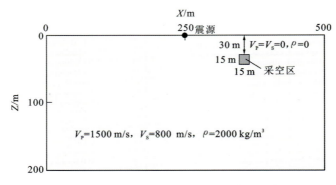

图 2.27　均匀半空间含采空区介质模型示意图

X 为水平距离;Z 为纵向深度

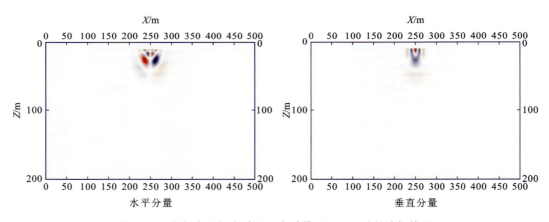

图 2.28　均匀半空间含采空区介质模型 50 ms 时的波场快照

从图 2.28～图 2.31 的波场快照可以看出,100 ms 时纵波和横波已经到达采空区,发生了明显的绕射现象,在 150 ms、200 ms 时绕射现象更加显著,在采空区周围衍生出很多种类的波。

将图 2.32 的单炮记录与图 2.20 的均匀半空间介质模型的单炮记录相比较,图 2.32 中,距离震源 50m 左右处,产生了很强的绕射波,采空区边缘相当于一个新的震源产生振动,并向周围以球面波形式传播。因此,在实际工程探测中,可根据地震记录图像是否存在绕射波来初步判断地下岩层中采空区等异常体的存在。

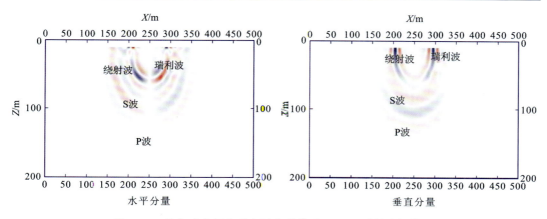

图 2.29　均匀半空间含采空区介质模型 100 ms 时的波场快照

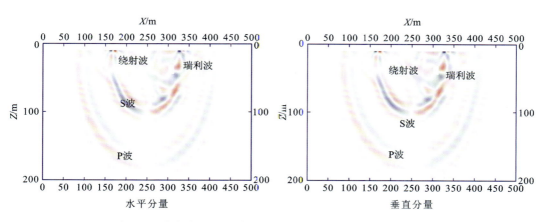

图 2.30　均匀半空间含采空区介质模型 150 ms 时的波场快照

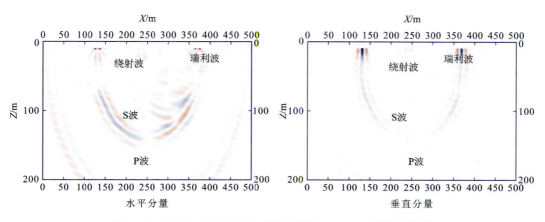

图 2.31　均匀半空间含采空区介质模型 200 ms 时的波场快照

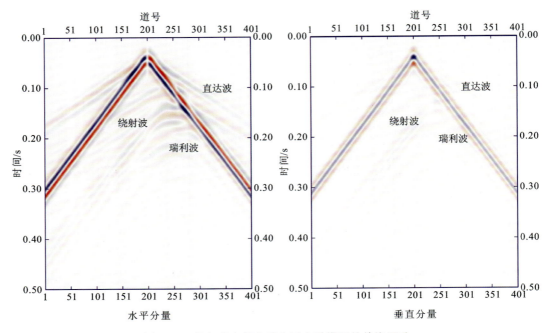

图 2.32　均匀半空间含采空区介质模型的单炮记录

4. 层状半空间含不同尺寸采空区介质模型

采空区的大小对其上方修建公路的稳定性有着至关重要的影响,因此探明采空区的尺寸及范围具有重大意义。模型分为三层,第一层和第二层层厚均为 20 m,速度逐层递增,在埋深 25 m 处存在一个采空区,采空区左边界距离震源 50 m,下面对比采空区尺寸分别为 5 m×5 m、15 m×10 m、25 m×15 m 时的单炮记录,模型的弹性参数如图 2.33 所示。图 2.34～图 2.36 分别是采空区尺寸为 5 m×5 m、15 m×10 m、25 m×15 m 时的单炮记录。

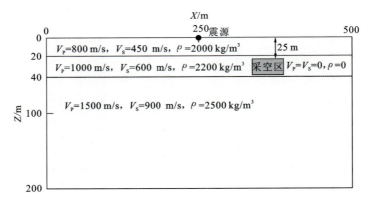

图 2.33　层状半空间含不同尺寸采空区介质模型示意图

X 为水平距离;Z 为纵向深度

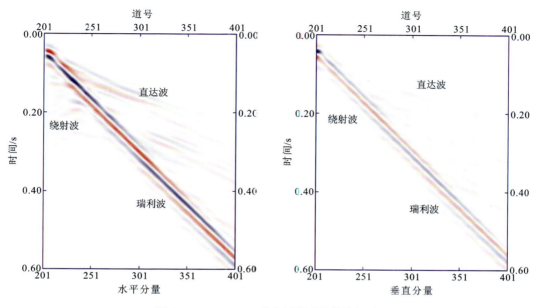

图 2.34 5 m×5 m 采空区模型的单炮记录

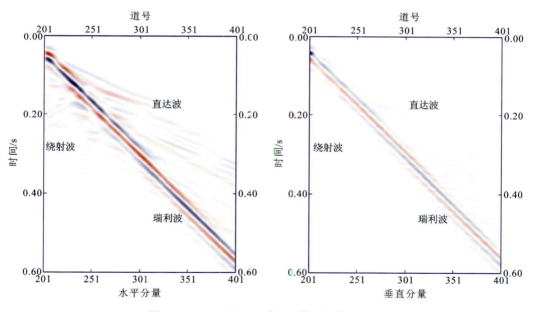

图 2.35 15 m×10 m 采空区模型的单炮记录

从图 2.34～图 2.36 的各单炮记录中可以得出以下结论:由于模型是三层层状介质,三个模型的瑞利波均出现了频散现象,所以不论采空区尺寸大小,采空区的出现均导致地震记录发生显著变化,即在采空区所在位置处产生绕射波。对比三种情况可知,随着采空区尺寸的增大,单炮记录中绕射波逐渐增多。

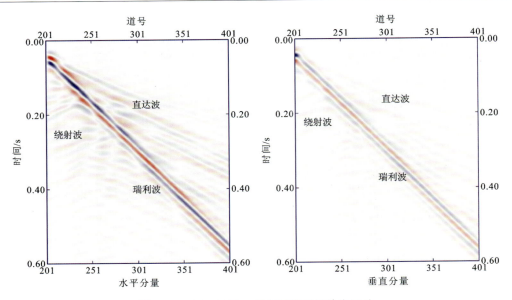

图 2.36　25 m×15 m 采空区模型的单炮记录

因此,在实际工程探测时,可根据地震记录图像中绕射波范围大小来大致判断地下岩层中采空区的范围和尺寸。

5. 层状半空间含不同埋深采空区介质模型

不同地区甚至同一地区矿产储藏深度迥异,因此采空区埋深也随着开采深度而定。对层状半空间含不同埋深采空区介质模型进行正演模拟,对比采空区的埋深变化时瑞利波的传播特性,分析采空区埋深对瑞利波传播规律的影响。

模型分层同图 2.33,层状介质中存在一个尺寸为 15 m×10 m 的采空区,采空区左边界距离震源 50 m,采空区埋深分别设为 10 m、25 m、40 m。模型的弹性参数如图 2.37 所示。图 2.38~图 2.40 分别是采空区埋深为 10 m、25 m、40 m 时的单炮记录。

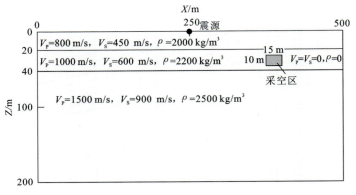

图 2.37　层状半空间含不同埋深采空区介质模型示意图

X 为水平距离;Z 为纵向深度

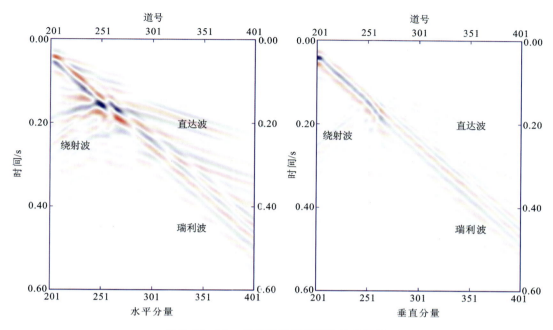

图 2.38　10 m 埋深采空区模型的单炮记录

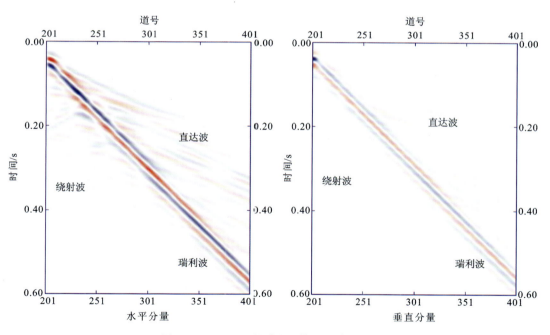

图 2.39　25 m 埋深采空区模型的单炮记录

从图 2.38~图 2.40 的各单炮记录中可以得出以下结论:由于模型是三层层状介质,

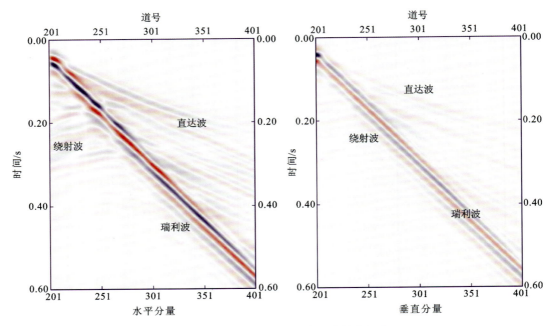

图 2.40　40 m 埋深采空区模型的单炮记录

三个模型的瑞利波均出现了频散现象,所以不论采空区埋深多少,采空区的出现均导致地震记录发生显著变化,即在采空区所在位置处产生绕射波。对比三种情况可知,采空区埋深越大,单炮记录中的绕射波产生的时间越晚,且绕射波能量越弱。当埋深为 10 m 时,由于采空区位于模型第一层介质,绕射现象较早地使地震波大量反射,从而使地震波能量主要集中在地表附近。

因此,在工程实际中,可根据地震记录图像中绕射波产生的时间及能量强弱来大致判断地下岩层中采空区的位置和埋深。

6. 层状半空间含不同充填物采空区介质模型

随着矿产采出后时间的推移,采空区上覆岩层可能会逐渐垮落,从而使采空区逐渐被碎石充填;地下水或雨水也可能会逐步汇集到采空区,使采空区充水。本节对层状半空间含不同充填物采空区介质模型进行正演模拟,对比采空区充填物不同时瑞利波的传播特性,分析采空区充填物对瑞利波传播规律的影响。

模型分层同图 2.33,层状介质中采空区尺寸设为 15 m×10 m,埋深设为 25 m,采空区左边界距离震源 50 m。下面将对比采空区充填物分别为空气、水和碎石时的单炮记录,模型的弹性参数如图 2.41 所示。

充气、充水、充填碎石时的采空区弹性参数分别为 $V_{P气}=340$ m/s,$V_{S气}=0$ m/s,$\rho_气=1.293$ kg/m³;$V_{P水}=1480$ m/s,$V_{S水}=0$ m/s,$\rho_水=1000$ kg/m³;$V_{P石}=400$ m/s,$V_{S石}=70$ m/s,$\rho_石=500$ kg/m³。图 2.42～图 2.44 分别是采空区为充气、充水、充填碎石时的单炮记录。

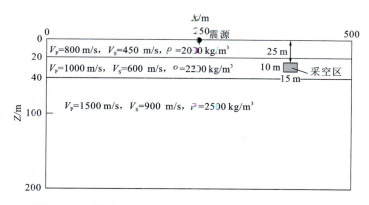

图 2.41　层状半空间含不同充填物采空区介质模型示意图

X 为水平距离;Z 为纵向深度

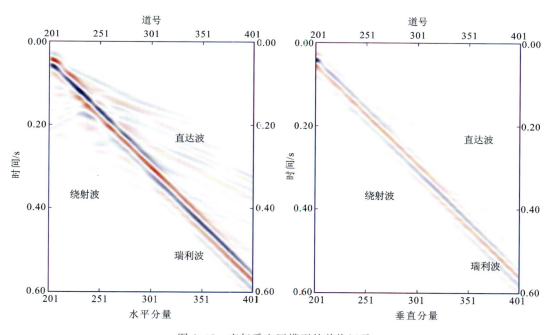

图 2.42　充气采空区模型的单炮记录

　　从图 2.42～图 2.44 的各单炮记录中可以得出以下结论:由于模型是三层层状介质,三个模型的瑞利波均出现了频散现象,所以不论采空区充填物是什么,采空区的出现均导致地震记录发生显著变化,即在采空区所在位置处产生绕射波。对比可知,当采空区为充气、充水或充填碎石时,单炮记录几乎没有差别。因此,在实际探测中,地震记录图像对采空区是充气、充水还是充填碎石状态反映不明显。

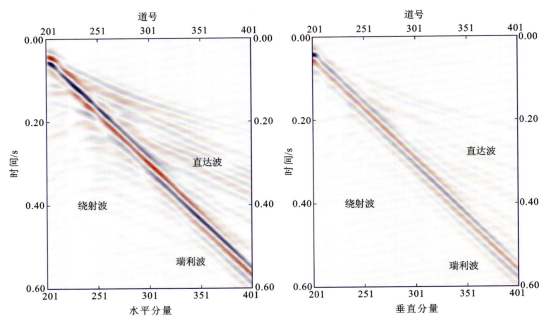

图 2.43　充水采空区模型的单炮记录

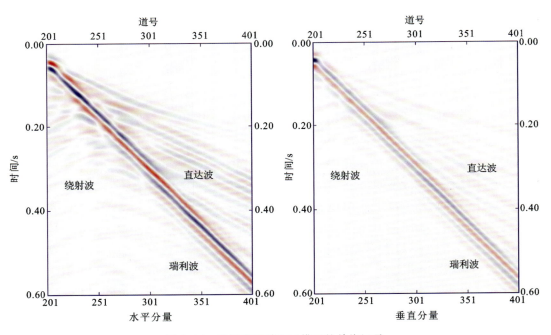

图 2.44　充填碎石采空区模型的单炮记录

2.6.3　工程应用

依据瞬态瑞利波传播数值模拟程序,针对现场探测机制状况建立模型进行数值模拟分析,计算结果如下所示。

1. K27+900

图 2.45 为瑞利波模拟结果与实测单炮记录的对比图,可以看到,模拟结果与实测数据吻合度较高,根据绕射波出现的位置,在地下深度约 50 m 处存在采空区。

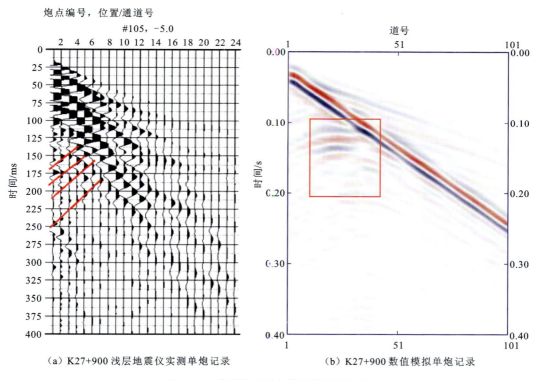

（a）K27+900 浅层地震仪实测单炮记录　　　　（b）K27+900 数值模拟单炮记录

图 2.45　瑞利波实测与模拟结果对比图

2. K30+142

图 2.46 为 K30+142 附近瑞利波模拟结果与实测单炮记录的对比图,可见瑞利波传播规律及绕射波出现的位置两者基本保持一致,模拟结果可靠。绕射波出现的位置,表明在地下深度 55 m 处存在采空区。

综上所述,本书的数值模拟具有较好的效果,该正演数值模拟技术可以为瑞利波法探测采空区的反演解译提供一定的理论基础。

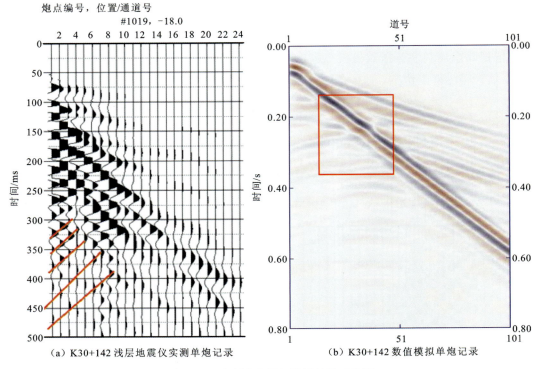

图 2.46　瑞利波实测与模拟结果对比图

参 考 文 献

[1] 童立元,刘松玉,邱钰.高速公路下伏采空区危害性评价与处治技术[M].南京:东南大学出版社,2006.

[2] 程建远,孙洪星,赵庆彪,等.老窑采空区的探测技术与实例研究[J].煤炭学报,2008(3):251-255.

[3] 林明安,赵祖栋.公路工程下伏煤矿采空区物探方法研究[J].铁道工程学报,2014,31(8):27-31.

[4] 地矿部物化探研究所情报室.日本工程物探技术译文集[M].北京地矿部物化探研究所,1984.

[5] 刘振明,刘世奇,唐筱蚌.地震CT结合地震映像法综合物探应用研究[J].铁道工程学报,2014(2):11-14.

[6] 刘盛东,刘静,岳建华.中国矿井物探技术发展现状和关键问题[J].煤炭学报,2014,39(1):19-25.

[7] 刘振明,许广春,李志华.地震映像剖面数值模拟研究[J].铁道工程学报,2012(6):20-24.

[8] 戴前伟,侯智超,柴新朝.瞬变电磁法及EH-4在钼矿采空区探测中的应用[J].地球物理学进展,2013(3):1541-1546.

[9] 章林,孙国权,李同鹏,等.地下矿山采空区探测及综合治理研究与应用[J].金属矿山,2013(11):1-4,138.

[10] 刘国辉,李达,刘志远,等.综合电法勘探在中关铁矿采空区探测中的应用[J].工程地球物理学报,

2012,8(6):709-712.

[11] 王善勋,杨文锋,张卫敏,等.瞬变电磁法在煤矿采空区探测中的应用研究[J].工程地球物理学报,
2012,9(4):400-405.

[12] 温来福,郝海强,刘志远,等.综合物探在山西省某煤矿采空区探测中的应用[J].工程地球物理学
报,2014,11(1):112-117.

[13] 杨镜明,魏周政,高晓伟.高密度电阻率法和瞬变电磁法在煤田采空区勘查及注浆检测中的应用
[J].地球物理学进展,2014(1):362-369.

[14] 王昕,翁明月.特厚煤层小煤矿采空区探测与充填复采技术[J].煤炭科学技术,2012,40(10):
41-48.

[15] 余乐文,张达,余斌,等.矿用三维激光扫描测量系统的研制[J].金属矿山,2012,41(10):101-
103,107.

[16] 张耀平,彭林,刘圆.基于 C-ALS 实测的采空区三维建模技术及工程应用研究[J].矿业研究与开
发,2012,32(1):91-94.

[17] 王国甚,罗周全,鹿浩,等.CMS 在矿山开采安全中的应用[J].有色金属(矿山部分),2009,61(5):
53-56,65.

[18] 余乐文,张达,张元生.地下采空区探测技术研究[J].中国矿业,2015(A1):336-338.

[19] 张海波,宋卫东.金属矿山采空区稳定性分析与治理[M].北京:冶金工业出版社,2014.

[20] 张淑坤.高速公路下伏采空区探测及稳定性研究[D].阜新:辽宁工程技术大学,2015.

[21] 刘海生.高密度电阻率法在探测煤矿地下采空区中的应用研究[D].太原:太原理工大学,2006.

[22] 刘文博.综合地球物理方法在探测采空区中的应用研究[D].包头:内蒙古科技大学,2015.

[23] 胡承林.综合物探技术在煤矿采空区的应用研究[D].成都:成都理工大学,2011.

[24] 陈灯.岩土工程地下空区瑞雷波探测技术的研究与应用[D].长沙:中南大学,2005.

[25] RAYLEIGH. On waves propagated along the plane surface of an elastic solid[J]. Proceedings of the
London Mathematical Society,1885(1):4-11.

[26] STOKOE K H, NAZARIAN S. Effectiveness of ground improvement from spectral analysis of
surface waves[C]//Proc. 8th Euro. Conf. on Soil Mech. and Found Engrg. Cambridge:Cambridge
University Press,1983.

[27] NAZARIAN S,STOKOE K H,HUDSON W R. Use of spectral analysis of surface waves method
for determination of moduli and thicknesses of pavement systems[C]//National Research Council.
Transport Research Record No. 930. Washington D. C. :The Falmer Press,1983.

[28] XIA J H,MILLER R D,PARK C B. Estimation of near-surface shear-wave velocity by inversion of
Rayleigh waves[J]. Geophysics,1999,64:691-700.

[29] PARK C B,MILLER R D,XIA J H. Multichannel analysis of surface wave[J]. Geophysics,1999,
64:800-808.

[30] 李高明,高伟.大宁煤矿铁路专用线 3 号桥采空区勘察[J].铁道勘察,2005,31(5):45-46.

[31] 宗志刚.地震勘探方法在探测煤矿采空区中的应用研究[D].北京:中国地质大学(北京),2006.

[32] 常锁亮,张淑婷,李贵山,等.多道瞬态瑞雷波法在探测煤矿采空区中的应用[J].中国煤田地质,
2002,14(3):70-72.

[33] 王勇,张晓培,杜立志,等.二维瞬态瑞雷波勘探及其在采空区探测中的应用[J].工程勘察,
2010(5):84-88.

[34] 杨辉,程建远,蔡文芮.煤矿下组煤小窑采空区的井下综合探测技术[C]//中国煤炭学会矿井地质

　　　专业委员会 2009 年学术论坛,2009.

[35] 陈灯,徐国元.瑞雷波法检测金属矿山采空区[J].西部探矿工程,2006,18(1):69-71.

[36] 陈昌彦,白朝旭,宋连亮,等.多道瞬态瑞雷波技术在公路采空塌陷区探测中应用[J].地球物理学进
　　　展,2010(2):701-708.

[37] 谢里夫 R E,吉尔达特 L P.勘探地震学:下册[M].初英,等,译.北京:石油工业出版社,1999.

[38] 梁志强.层状介质中多模式面波频散曲线研究[D].西安:长安大学,2006.

[39] 丁海鹏.本溪市东山煤矿采空区的瑞雷波勘察方法应用[D].沈阳:东北大学,2008.

[40] 宗志刚.地震勘探方法在探测煤矿采空区中的应用研究[D].北京:中国地质大学(北京),2006.

[41] 朱多林,白超英.基于波动方程理论的地震波场数值模拟方法综述[J].地球物理学进展,2011,
　　　26(5):1588-1599.

[42] 刘洋,魏修成.复杂构造中地震波传播数值模拟[J].新疆石油地质,2008,29(1):12-14.

[43] 左莹.基于高阶交错网格的有限差分地震波场数值模拟[D].西安:长安大学,2009.

[44] 汪利民.三维带地形瑞雷面波交错网格有限差分法正演技术研究[D].武汉:中国地质大学(武
　　　汉),2009.

[45] 邓乐翔.瑞雷波场正演模拟及频散曲线的提取[D].西安:长安大学,2010.

[46] 张大洲,杨东锣,熊章强,等.垂直低速带中瑞雷面波传播特性研究[J].物探化探计算技术,2013,
　　　35(3):253-257,247.

[47] 刘建宙.有限差分法在瑞雷波场正演模拟中的应用[D].北京:中国地质大学(北京),2014.

[48] 张伟,甘伏平,刘伟,等.双相介质瑞雷面波有限差分正演模拟[J].物探与化探,2014,38(6):
　　　1275-1283.

[49] 吴腾飞.岩溶地层面波频散特征及其勘探应用[D].淮南:安徽理工大学,2014.

[50] 李长江,李庆春,邵广周.地下空洞地震瑞雷波的旋转交错网格有限差分数值模拟[J].物探化探计
　　　算技术,2015,37(2):224-228.

第 3 章

下伏采空区路基稳定性

　　采空区路基的稳定性分析主要指下伏采空区对路基沉降和变形的影响,与地质因素和非地质因素有关,前者包括采空区的工程地质条件、水文地质条件、采空区地应力及采空区岩体的力学特性等,后者则主要与采空区的开采方法、道路施工技术等因素有关。上覆岩体性质极其复杂,如果采用精细的物理模型与数学模型,其复杂程度将使力学分析失去一切实用价值。

　　如何评价下伏采空区的稳定性,一直是岩土工程领域工作人员所面临的一个重要难题。传统的评价方法是从上部覆岩的性质、应力分布入手,研究破坏机理、塌陷的分带性、地表的移动和变形、移动速度和移动时间、观测网的设置原则等。后期的位移预测多是探讨计算方法,但由于参数太多,实际计算时这些参数很难求得,更谈不上准确。此外,数学模型是建立在理想条件下,很多假设条件与实际情况往往存在较大出入,所以在相当长的一段时期,采空区稳定性评价仅停留在科学研究阶段,并没有在实际工作中展开应用。

　　因此,在评价过程中,首先要充分了解场地的地质条件,加强岩土工程测试工作,再结合数值计算方法,忽略一些次要因素,对采空区的稳定性进行综合评定。当新建公路处于采空区的影响范围内时,应综合采空区的埋深、范围、上覆岩层性质和交通荷载等因素,对采空区顶板和地基进行稳定性分析与评价,或根据矿区经验决定是否采取处理措施。

3.1　采空区稳定性评价研究进展

对于采空区沉陷理论,国内外学者的研究由来已久,公路下伏采空区路基稳定性的研究起始于 20 世纪 80 年代。截至目前,尽管 Jones、Sargand、M. C. Wang 等西方国家的学者取得了大量研究成果,但并没有对采空区稳定性评价方法进行系统性的总结与比较分析。近年来,我国的交通运输事业飞速发展,研究者开始逐渐关注大型线性工程下伏采空区的稳定性与危害,同时进行相关理论研究和技术试验,通过处理国内一些高速公路的采空区问题,积累了一定的工程实践经验,但理论知识尚未形成完善的体系,有待于更进一步的探索[1,2]。

采空区稳定性分析的主要工作有:计算采空区顶板地基的承载力、计算分析采空区的地表沉陷量及沉陷的发展趋势、分析评价采空区残留地下空洞的稳定性、评估采空区地表破坏的程度和范围。通过查阅相关文献[3-5]可知,目前采空区的稳定性分析主要有三种方法:预测法、解析法和数值模拟法。

3.1.1　预测法

在公路工程的建设过程中,主要任务之一是有效控制路基沉降,保证路基的稳定性和耐久性。最常用的监控方法是:在路基施工过程中动态地控制沉降变形,预测路基不同时刻的沉降量及最终沉降量,实时反馈数据以便及时改进施工组织计划,针对可能出现的异常情况提前做好应对措施,保证路基的稳定性。因此,动态控制路基的沉降变形,根据施工现场的实测沉降资料,预测后期的沉降发展趋势,对于优化施工组织设计,提高公路后续建设工程的质量等方面意义重大。

采空区稳定性评价的预测方法是一种数学统计方法。一般情况下,该方法是针对现象而不考虑地质的本构关系,将大量施工现场实测数据与影响采空区稳定性的评价指标相关联,通过统计、类比、计算和分析,推演出采空区稳定的状态。

矿山开采的沉陷预测理论和方法较多,传统的预测方法如下。

(1) 曲线拟合法:属于经验方法,假设土体沉降发展趋势预测曲线与某种已知函数曲线近似,则可通过前期实测沉降数据推算该曲线参数,进而得出沉降量-时间的解析式,预估地表在任一时间的沉降量,常用的曲线拟合法有指数曲线拟合法、双曲线拟合法和泊松曲线拟合法等[6];

(2) 概率积分法:以波兰学者 J. Litwiniszyn 提出的随机介质理论为基础,通过刘宝琛、廖国华等的发展,在我国广泛使用[7];

(3) 在波兰推广使用的 Budryk-Knothe 理论[8]:介于经验方法和理论模型方法之间,与概率积分法都属于影响函数法,影响函数法的实质是以理论研究为基础,确定微小单元开采对岩层和地表的影响,表示为影响函数,然后计算采区内所有微小单元开采影响的总和,即为整个开采对岩层和地表的影响。

上述几种方法通过适当的改进可应用到公路下伏采空区的稳定性评价当中。随着对公路下伏采空区问题关注度的提高,越来越多理论应用于采空区的稳定性分析中,除传统预测方法外,又逐渐发展出灰色模型法、遗传算法、神经网络法、组合加权法和反演分析法等。

3.1.2　解析法

解析法的操作过程是:简化采空区,建立地质模型,并按一定原则将所建模型抽象为理想的数学物理模型,然后通过数值方法求解。例如,结构力学法是计算采空区的矿柱稳定性和地下的残留硐室常用的方法之一[9]。使用解析法预测采空区地表沉降的关键在于建立的模型是否符合实际,一般实际工程中采空区结构比较复杂,过度简化地质模型会造成难以避免的误差,甚至偏离实际。

3.1.3　数值模拟法

数值模拟法在采空区的稳定性评价领域应用广泛,主要进行静载模拟和动载模拟两部分内容的分析。两者都需要建模,设置边界条件,模拟开挖过程,只是动载模拟还要加上研究所需的动载荷(如震动波)。20 世纪 80 年代以来,学者在研究分析采空区问题时相继采用数值模拟方法,并取得了一定成果,如在采空区上覆岩层产生离层的原理、形成裂缝的力学条件和产生垮落的条件、地下采空区对附近地质环境影响等诸多复杂领域都取得了一定进展。

数值模拟法能充分考虑采空区影响范围内地质环境的复杂性,能够对采空区围岩的应力与变形状态进行全面的分析计算,从而加深人们对采空区上覆岩体的破坏机理与变形规律的了解。基于采矿工程的复杂性,怎样合理描述采空区岩体的连续性,建立符合采空区工程实际的计算模型,选用合理的计算参数和本构关系等,仍是值得深入探讨和研究的问题。

采空区稳定性评价可使用的数值模拟方法有:有限单元法、离散单元法、边界单元法和有限差分法等。数值模拟一般通过专门的软件实现,是地质岩土工程、采矿工程等岩土体的稳定性计算和分析的适用工具。有限单元软件包括 SAP2D、ANSYS 等,SAP2D 软件可用于采空区沉陷二维数值分析,ANSYS 软件能够广泛应用于开采沉陷及采空区稳定性评价的三维数值分析;离散单元软件包括较成熟的二维离散单元程序 UDEC2D 和适用于三维问题的求解程序 3DEC,此类软件善于进行节理裂隙发育或破碎带地质体的模拟计算分析;边界单元软件包括 E. Hoek 等完成的二维线弹性程序和 S. L. Crouch 等完成的 TWODI 程序,在研究三维非线性分析、岩体裂隙、岩体蠕变和断层构造等方面适用性强;有限差分软件包括目前广泛应用于岩土工程领域的 FLAC2D(fast lagragian analysis of continua)软件,是由美国 ITASCA 公司研发的显式有限差分程序,FLAC3D

软件是 FLAC2D 软件的优化升级版,FLAC 软件在模拟大变形方面优势突出,且适用于大规模地质体的变形和力学分析[10-16]。除上述方法外,还有其他的数值方法,如灰箱法、表面元法等。

2010 年,贾明涛等采用 CMS 和 DIMINE-FLAC3D 耦合技术对汤丹矿区采空区稳定性进行数值模拟分析,该耦合技术建立了能准确反映围岩的地质结构及岩性条件的模型,有利于简化复杂采空区的稳定性计算结果[17]。2010 年,黄永强将蠕变本构模型应用于高速公路路基沉降的数值模拟中[18]。2014 年,郑健龙等运用 ANSYS 软件计算分析采空区位置对路基沉降的影响,确定采空区的临界区域[19]。2014 年,韩庆哲运用蠕变本构模型数值模拟分析采宽、采深、采高等对路基路面变形和移动的影响[20]。2008 年,李科伟等采用 CALS 及 Surpac-FLAC3D 耦合技术对三道庄露天矿的地下采空区稳定性进行分析,该耦合技术避免了定性探测采空区三维空间精确度较差的问题,突破了采空区真实三维建模及稳定性评价技术上的局限性[21]。2015 年,韩中阳进行了地下储气条件下煤矿采空区顶板岩系蠕变特性与试验模型研究[22]。

采空区稳定性评价方法还有半预测半解析法,是预测法和解析法的结合,如 B. Dzezli 教授在 Budryk-Knothe 理论的基础上引入 Fourier 二维积分变换形成的方法;物理试验法是实际模拟开挖沉陷过程,制作缩小成一定比例的物理模型,进行开挖沉陷试验,以探索矿产资源开挖过程中岩土体的变形、力学特征和地表沉陷规律。长期试验探索发现:利用沙、明胶和黏结较弱的熟石膏为材质制作的模型最接近真实情况。这种模型很容易观测到岩体开裂垮塌和地表沉陷过程,且能模拟地下空间开挖的完整过程,在采空区领域取得了较好的应用成果。

3.2 基于采空区活跃期的路基沉降变形数值分析

数值模拟方法在采空区稳定性分析中应用广泛,但目前的研究大都以计算出采空区单体工程的沉降量为主,缺乏深入分析与规律总结,难以建立系统的理论体系[23]。现有数值计算大都是采用弹性或 Mohr-Coulomb 本构模型,只是简单地计算了平衡、破坏、再平衡过程,不能体现出时间效应,而路基沉降是随时间长期发展的过程,时间效应的影响不容忽视。上述的数值模拟过程与工程实际的差异往往造成计算结果误差较大。

本书综合考虑下伏采空区处于不同沉降时期、采空区不同空间位置、地基沉降时间效应等影响因素,结合工程实际,采用 ANSYS 软件构建三维数值模型,利用改进蠕变本构模型,运用 FLAC3D 软件计算采空区路基的沉降量。结合该地域的地质特征,比较分析计算结果,总结路基沉陷规律,确定该种地质特征下的采空区道路修建的安全临界区域范围。在此基础上,比较分析现有采空区沉陷预测方法,推导该类地质条件下公路下伏采空区路基沉陷的预测模型,并与实际工程现场的监测数据对比,验证模型的精度。

3.2.1　有限元模型建立

以河南省 S323 线采空区路段地层分布结构为基础,截取采空区域内 K26+500 附近的一段公路为研究对象,通过适当调整和简化后,运用 ANSYS 软件建立有限元模型,然后导入 FLAC3D 软件中计算。

地层岩体材料组成见表 3.1。

表 3.1　地层岩体材料组成表

序号	材料名称	深度/m	厚度/m
1	黄土	0~8	8
2	强风化泥岩	8~44	36
3	强风化砂岩	44~50	6
4	煤	50~53	3
5	中风化泥岩	53~73	20
6	中风化砂岩	73~83	10
7	泥岩	83~101	18
8	砂岩	101~113	12
9	泥岩	113~130	17

根据计算路段设计资料和施工现场实地勘察情况,设置数值计算模型的几何尺寸如下所示。

1. 煤矿采空区过渡路面结构

(1) 上面层:5 cm 中粒式改性沥青混凝土(AC-16C)。
(2) 下面层:8 cm 粗粒式改性沥青混凝土(AC-25C)。
(3) 下封层:0.8 cm 热喷改性沥青同步碎石封层。
(4) 底基层:40 cm 厚级配碎石。
(5) 总厚度:53.8 cm。

2. 模型几何尺寸

(1) 地基部分:宽 356 m,高 180 m,沿路线方向长 50 m。
(2) 路基部分:路基底至路基顶高 4 m,路基顶宽 24.5 m,两侧路基边坡为 1:1.5,左路基底离地基左边界 100 m,右路基底离地基右边界 220 m。
(3) 采空区几何尺寸:长 50 m,宽 50 m,厚 3 m。
煤矿采出后,自采空区顶板向上形成三带:冒落带、裂隙带和弯曲带。根据地质勘测报告,分析采空区顶板以上地基岩层的状态,确定三带几何尺寸。冒落带为自采空区顶板向上 10 m,裂隙带为自冒落带向上 30 m,弯曲带为自裂隙带向上延伸至地表,三带呈"倒八"形分布。

3.2.2　本构模型

材料的本构关系,表征材料应力张量与应变张量之间的关系,一般是建立在实验和经验的基础上,然后对岩土的塑性理论等进行必要的补充假设,再推广到复杂的应力组合状态中去。

选择本构模型时要考虑两个方面:材料的力学特性与本构模型的适用范围。Mohr-Coulomb 塑性本构模型是最通用的岩土本构模型,因其参数量少,计算效率高,而在数值模拟中广泛应用。但地基沉降是一个随时间发展的漫长过程,时间效应对地基的力学特征影响重大,现有的采空区地基沉降数值模拟大部分采用 Mohr-Coulomb、Drucker-Prager 等塑性本构模型,往往只是计算出了基于力学平衡状态的地基沉降量,并没有体现出地基沉降随时间增长而发展的过程,所以计算结果不能很好地贴近工程实际。由于蠕变本构模型能设置地基沉降的时间过程,因而其受到更多青睐。余鹏等[24]通过数值模拟计算对比发现:采用蠕变本构模型的计算结果与不采用蠕变本构模型的计算结果有较大差异,且前者与现场实地监测数据吻合良好;黄永强[18]采用 Burgers 蠕变本构模型计算高速公路路基沉降;韩庆哲[20]采用广义 Kelvin 蠕变本构模型计算分析采空区路基路面变形规律,都取得了不错的成果。研究结果表明,蠕变本构模型符合地基沉降的动态固结理论,能够较好地展现出地基的沉降随时间推移而变化的过程,且与工程实例契合度较高,据此,本书拟采用蠕变本构模型计算分析采空区的路基沉降规律。

一般岩石在恒定应力作用下的蠕变特性分为三个阶段:

(1) 初期蠕变,其应变速率递减,亦称衰减蠕变阶段;

(2) 二次稳态蠕变,应变速率保持不变,亦称等速蠕变阶段;

(3) 破坏前的三期蠕变,应变速率加速增长,这一阶段的蠕变会导致试件迅速破坏。蠕变模型有很多种,其中 Burgers 蠕变本构模型简单且能够较好地描述三期以前的经典蠕变曲线,在岩土工程中应用广泛[25-26]。

Burgers 蠕变本构模型由 Kelvin 模型和 Maxwell 模型串联组成,如图 3.1 所示。其中,Kelvin 模型将弹簧和黏壶并联,用来表征蠕变与蠕变恢复的力学行为;Maxwell 模型将弹簧和黏壶串联,用来表征应力松弛的力学行为。

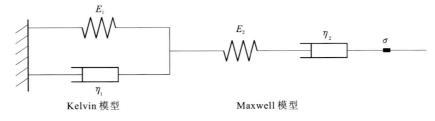

图 3.1　Burgers 蠕变本构模型

Burgers 蠕变本构模型的本构方程如下所示。

$$\varepsilon(t) = \frac{2\sigma}{9K} + \frac{\sigma}{3E_2} + \frac{\sigma}{3E_1} - \frac{\sigma}{3E_1}e^{-(E_1 t/\eta_1)} + \frac{\sigma}{3\eta_2}t \tag{3.1}$$

式中：K 为试样体积模量；E_1 为控制迟延弹性的数量；E_2 为弹性剪切模量；η_1 为决定迟延弹性的速率；η_2 为黏滞流动的速率，σ 为应力。

从上述 Burgers 蠕变本构模型的本构方程和模型组成可以看出，其只考虑黏弹性特征，对于反映材料第三期蠕变以前的黏弹性规律效果良好。而实际上，岩土材料，尤其是软弱岩石，具有瞬弹性、瞬塑性、黏弹性和黏塑性四大特性，Burgers 蠕变本构模型只能反映岩体的瞬弹性、瞬塑性、黏弹性，不能反映黏塑性，因此，很多学者对 Burgers 蠕变本构模型进行改进。经对比分析，本书拟采用袁海平等[27] 提出的改进的 Burgers 蠕变本构模型，以经典 Burgers 蠕变本构模型为基础，引入 Mohr-Coulomb 塑性破坏准则，建立能同时考虑岩土材料四大特性的蠕变模型[28-29]。改进的 Burgers 蠕变本构模型元件组成如图 3.2 所示，黏弹性由串联的 Kelvin 模型和 Maxwell 模型控制，塑性由 Mohr-Coulomb 准则实现。

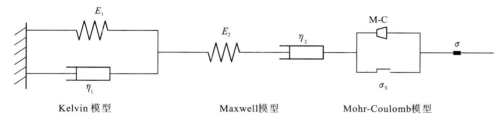

图 3.2　改进的 Burgers 蠕变本构模型

改进的 Burgers 蠕变本构模型即在原有模型组成的基础上串入一种新的塑性模型（M-C 元件），M-C 元件在应力 σ 小于 Mohr-Coulomb 准则屈服应力 σ_S 时，应变 ε 为 0，应力 σ 等于或大于 σ_S 时，完全服从 Mohr-Coulomb 塑性流动规律，实现了对黏弹塑性偏量特性和弹塑性体积行为的模拟，并假定黏弹和黏塑应变率分量变形协调。综上所述，改进的 Burgers 蠕变本构模型的黏弹性由串联的 Kelvin 模型和 Maxwell 模型控制，塑性则由 Mohr-Coulomb 准则实现。

当 $\sigma < \sigma_S$ 时，改进的 Burgers 蠕变本构模型等同于经典 Burgers 蠕变本构模型，本构关系如式（3.1）；

当 $\sigma \geqslant \sigma_S$ 时，改进的 Burgers 蠕变本构模型偏量行为可由如下关系表达：

总应变率：

$$\bar{e}_{ij} = \bar{e}_{ij}^K + \bar{e}_{ij}^M + \bar{e}_{ij}^P \tag{3.2}$$

Kelvin 体：

$$S_{ij} = 2\eta_1 \bar{e}_i^K + 2E_1 e_{ij}^K \tag{3.3}$$

式中：e_{ij}^K 为应变张量。

Maxwell 体:

$$\bar{e}_{ij}^{M} = \frac{\bar{S}_{ij}}{2E_2} + \frac{S_{ij}}{2\eta_2} \tag{3.4}$$

式中:$\bar{S}_{ij}$ 为转化偏应力张量;S_{ij} 为偏应力量。

M-C 体:

$$\bar{e}_{ij}^{P} = \lambda \frac{\partial g}{\partial \sigma_{ij}} - \frac{1}{3} \bar{e}_{vol}^{P} \delta_{ij} \tag{3.5}$$

式中:λ 为材料常数;g 为塑性位势函数;σ_{ij} 为应力张量;δ_{ij} 为 Kronecker 常数。

式(3.5)中,当 $\sigma_s \geqslant \sigma$ 时,改进的 Burgers 蠕变本构模型体积行为可由如下关系表达:

$$\bar{e}_{vol}^{P} = \lambda \frac{\partial g}{\partial \eta_{11}} + \frac{\partial g}{\partial \eta_{22}} + \frac{\partial g}{\partial \eta_{33}} \tag{3.6}$$

$$\bar{\sigma}_0 = K(\bar{e}_{vol} + \bar{e}_{vol}^{P}) \tag{3.7}$$

式中:$\bar{e}_{vol}^{P}$ 为塑性体积应变率的偏导。

Mohr-Coulomb 屈服包络线包括拉伸和剪切两个准则,屈服准则为 $f=0$,应用主轴应力空间公式表达如下:

拉伸屈服:

$$f = \sigma_t + \sigma_1 \tag{3.8}$$

剪切屈服:

$$f = \sigma_3 N_\varphi - \sigma_1 + 2c \sqrt{N_\varphi} \tag{3.9}$$

式中:σ_t 为抗拉强度;σ_1 为最大主应力(压为负);σ_3 为最小主应力(压为负);c 为黏聚力;φ 为内摩擦角;$N_\varphi = (1+\sin\varphi)/(1-\sin\varphi)$。

3.2.3　材料参数

根据以往大量的数值模拟经验,路面结构部分采用弹性本构模型计算,设置 3 个材料参数,分别为:体积模量(K)、切变模量(G)和密度(ρ),取值由项目设计单位提供的路面结构设计资料确定,见表 3.2。

表 3.2　路基路面结构材料参数

材料名称	K/MPa	G/MPa	ρ/(kg/m³)
AC-16	800	480	2 400
AC-25	733	440	2 400
级配碎石	250	115	2 200

改进的 Burgers 蠕变本构模型设置有 9 个材料参数:Mohr-Coulomb 模型的 5 个材料参数,分别是体积模量(K)、内聚力(c)、内摩擦角(φ)、抗拉强度(σ_t)和密度(ρ);Kelvin 模型的 2 个材料参数,分别是 Kelvin 切变模量(E_K)和 Kelvin 黏度(η_K);Maxwell 模型的 2 个材料参数,分别是 Maxwell 切变模量(E_M)和 Maxwell 黏度(η_M)。其中,Mohr-

Coulomb 模型的材料参数由研究路段的地质勘测资料确定,见表 3.3。

表 3.3　Mohr-Coulomb 模型的材料参数

材料名称	K/MPa	c/MPa	σ_t/MPa	$\varphi/(°)$	$\rho/(\mathrm{kg/m^3})$
砂岩	34 000	2.6	3.5	22	2 620
泥岩	18 000	1	2.2	28	2 450
黄土	8.3	0.02	0.013	18	1 780
煤	20 000	1	1	30	1 860
路基土	86	0.08	0.064	23	1 900

经典的 Burgers 蠕变本构模型含有 5 个常量参数,本书拟采用回归拟合方法确定。首先假定 σ 作用下,各常量参数与时间 t 无关,且满足式(3.1),则当 t 较大时,应变速率为一常量,蠕变曲线为一直线(第二期蠕变曲线的渐进线),则有

$$\varepsilon_1(t)=\frac{2\sigma}{9K}+\frac{\sigma}{3E_1}+\frac{\sigma}{3E_2}+\frac{\sigma}{3\eta_2}t \tag{3.10}$$

式中:$\varepsilon_1(t)$ 为 $t=0$ 时蠕变直线延长线在纵轴上的截距。

设 q 为蠕变曲线与渐近线间的垂直距离,通过几何关系可得到:

$$\lg q=\lg\frac{\sigma}{3E_1}-\frac{E_1}{2.302\,59\eta_1}t \tag{3.11}$$

方程(3.11)在半对数空间也为一条直线,$\varepsilon_1(t)$、σ、t 为已知的试验采集数据,依据 $\varepsilon_1(t)$ 和 t 能够得出 σ 应力水平下的一系列 E_1 和 η_1,求取各自的平均值作为该应力水平下的 E_1 值和 η_1 值,然后由式(3.10)同理求出 η_2 的值。

体积应变由测定的轴向应变 ε_1 和侧向应变 ε_2 计算(平均应力为 $\sigma/3$),即

$$\Delta V=\varepsilon_1+2\varepsilon_2 \tag{3.12}$$

$$K=\frac{\sigma}{3(\varepsilon_1+2\varepsilon_2)} \tag{3.13}$$

求出 K 的平均值,然后依据式(3.1)最终求出 E_2 的平均值。

通过上述步骤对研究区域内各岩土层试样蠕变力学模型进行拟合回归,即可得到数值模拟计算所需的蠕变参数,见表 3.4。

表 3.4　蠕变材料参数

材料名称	$E_{\mathrm{K}}/\mathrm{MPa}$	$\eta_{\mathrm{K}}/(\mathrm{MPa·s})$	$E_{\mathrm{M}}/\mathrm{MPa}$	$\eta_{\mathrm{M}}/(\mathrm{MPa·s})$
砂岩	23 150	19 183 620	2 497	957 123 481
泥岩	14 870	238 760 500	8 105	6 564 847 400
黄土	23	52 318	28	2 816 540
煤	1 310	32 163 200	1 985	13 206 320
路基土	283	762 847	149	7 159 722

研究路段内,各地质岩层的力学材料参数通过施工现场和室内试验数据与工程地质

类比得出,但地基中各层岩土体处于地质结构中,不同岩土层间具有相互作用,材料力学参数与地质结构关系密切,且受开挖采动、长期风化等因素影响,取样试验得出的数据与地层环境中岩土体的材料参数存在一定差异,因此,需对表3.3和表3.4中的材料参数取值进行折减[30],折减程度见表3.5。

表 3.5　材料参数取值折减系数表

折减参数名称	未采动区	采动弯曲带	采动裂隙带	采动冒落带	风化带
弹性模量	1/5~1/3	1/5~1/3	1/20~1/10	1/30~1/20	1/6
黏聚力、抗拉强度	1/5~1/3	1/5~1/3	1/20~1/10	1/30~1/20	1/6
蠕变参数	1/5~1/3	1/5~1/3	1/20~1/10	1/30~1/20	1/6
泊松比	不变	不变	1~2	1~2	不变

3.2.4　边界条件

模型的假设边界条件有两种:指定应力和指定位移。本书采用指定位移边界条件,设置如下:

(1) 地表为自由边界;
(2) 模型左右两侧边界固定水平位移(置零);
(3) 模型前后两侧边界固定法向位移(置零);
(4) 模型底部边界固定水平位移和垂直位移(置零)。

3.2.5　计算工况

工况一:考虑不同的本构模型对数值计算结果的影响。分别采用 Mohr-Coulomb 塑性本构模型和改进的 Burgers 蠕变本构模型计算路基沉降,比较分析不同本构模型的沉降差异。

工况二:考虑采空区上覆岩体处于不同沉降状态时对公路路基沉降的影响,采用 Burgers 蠕变本构模型,首先记录采空区地表沉降的历时曲线,确定下伏采空区地基不同沉降状态的时间分界点,然后分别计算修路后开采、开采后三个月内修路、开采两年后修路三种情况下路基三年的沉降量,比较分析地基处于不同沉降状态时公路路基的沉降量。

工况三:考虑采空区位置对公路路基沉降的影响,设置采空区纵向深度分别为 50 m、90 m 和 130 m。采空区横向位置分别为位于路基正下方,与路基底重合 1/2,与右路基底临界,离右路基底 20 m、40 m、60 m、80 m。针对纵向深度和横向位置,采用蠕变本构模型,每种位置均设为修路后开采,计算公路路基三年内的沉降量,总结分析采空区位置对公路路基沉降量影响的规律,确定采空区的影响范围。

对上述三种工况进行数值模拟计算时,记录公路路面左边界点、中心点和右边界点的沉降量。

3.2.6　计算结果分析

1. 蠕变特性对路基沉降的影响（工况一）

工况一的计算结果输出如图 3.3 和图 3.4 所示。

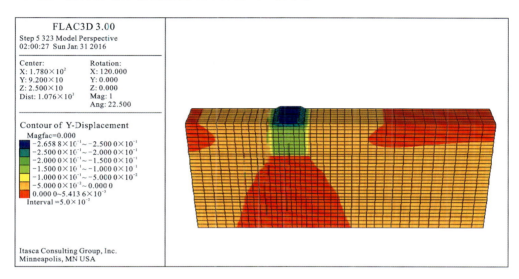

图 3.3　Mohr-Coulomb 塑性本构模型计算的竖向位移云图

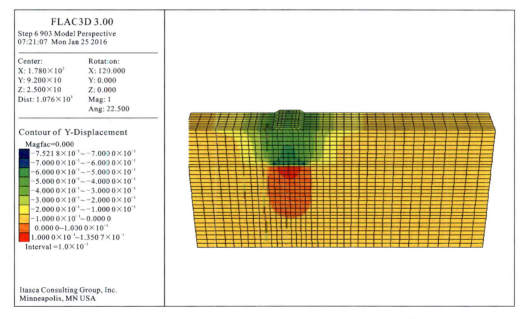

图 3.4　改进的 Burgers 蠕变本构模型计算的竖向位移云图

从图 3.3 可以得出，Mohr-Coulomb 塑性本构模型的计算结果显示，最大沉降量为 266 mm，发生位置在路面中心点；从图 3.4 可以得出，改进的 Burgers 蠕变本构模型的计算结果显示，最大沉降量为 752 mm，发生位置在采空区上覆顶板处，路面中心点沉降量为 486 mm。

对比两种本构模型的计算结果可知：首先，Mohr-Coulomb 塑性本构模型和 Burgers 蠕变本构模型计算出的最大沉降量数值差异较大且发生位置不同，根据采空区与其顶板相互作用的机理可知，开采后，采空区顶板临空，在上覆岩体和自身重力的共同作用下，其承受荷载远超自身强度，会发生开裂、破碎、塌落等较大的塑性破坏，因此，最大位移应发生在采空区顶板处，Burgers 蠕变本构模型的计算结果更符合实际情况；其次，两种本构模型计算出的路面中心点沉降差异较大，Mohr-Coulomb 塑性本构模型为 266 mm，Burgers 蠕变模型为 486 mm，相差 220 mm，其中，实际工程监测沉降量为 501 mm，与 Burgers 蠕变本构模型的计算结果更接近。

2. 采空区活跃状态对路基沉降的影响（工况二）

当采空区处于道路正下方时，采空区分别处于瞬时沉降期、活跃沉降期和稳定沉降期时修路，三年后路基沉降量如图 3.5 所示。

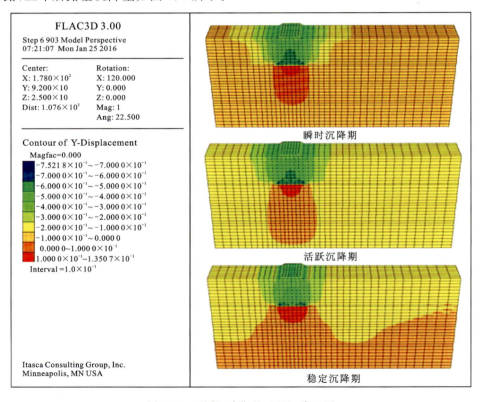

图 3.5　不同沉降期的地基沉降云图

由图 3.5 可以得出:采空区处于瞬时沉降期、活跃沉降期和稳定沉降期的三年的最大沉降量分别为 752 mm、617 mm、122 mm,最大沉降位置均在采空区顶板中心处。路面中心点的沉降量分别为 486 mm、276 mm、41 mm。

比较以上三种情况的计算结果可知:地基处于瞬时沉降期、活跃沉降期和稳定沉降期的最大沉降量比值为 6.2∶5.1∶1,路面中心点沉降量比值为 11.8∶6.7∶1,最大沉降量和路面沉降量绝大部分都发生在地基的瞬时沉降期和沉降活跃期,最大沉降量主要发生在沉降活跃期,路面沉降量在瞬时沉降期和活跃沉降期分布比较均衡,瞬时沉降期略偏小,而地基处于稳定沉降期时,最大沉降量和路面沉降量都很小,基本可以忽略采空区的影响。因此,在下伏采空区的地表修筑公路时,一定要全面收集真实有效的采空区开采资料,并在施工区域监测地表沉降速率,分析确定采空区上覆地基的沉降期,对处于瞬时沉降期或者活跃沉降期的区域,必须重视采空区的影响,采取治理采空区、改善路面和路基结构或绕开采空区等措施保证车辆的安全通行。对处于基本稳定沉降的区域,经过反复研究后认为,基本可以忽略采空区的影响,或仅进行简单的处理和改善。综上所述,确定采空区上覆地基的沉降时期,对采空区地区工程建设的意义重大,可以避免盲目花费大量的工期、成本解决采空区问题,同时也能在一定程度上降低施工难度。

3. 采空区与道路的相对位置对路基变形的影响(工况三)

为探究采空区与道路的相对位置对路基的影响,依据最大影响原则,计算分析了当采空区处于瞬时沉降期时,采空区与路基不同的相对位置,公路路基三年内的沉降量。

1) 采空区位置对路面中心点沉降的影响

在采深分别为 50 m、90 m、130 m,采空区横向位置分别为在公路正下方,重合路基底 1/2,与公路右路基底临界,离公路右路基底 20 m、40 m、60 m、80 m 时,公路路面中心点沉降量如图 3.6 所示。

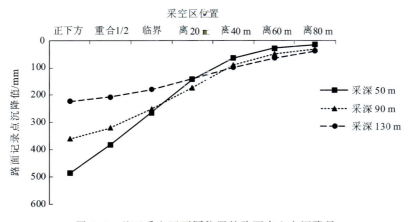

图 3.6　基于采空区不同位置的路面中心点沉降量

从图 3.6 可以得出:采深分别为 50 m、90 m、130 m 时,采空区的横向位置距离公路越远,公路中心点的沉降量越小;随着采空区横向位置右移,路面中心点沉降量的减小趋势越平缓。

当采空区位置为正下方、与路基底重合 1/2、与右路基底临界时,采深越大,路面中心点沉降量越小,离路面中心轴越远,沉降量越小;当采空区位置为离右路基底 20 m 时,随采深增大,沉降量的规律性不明显;当采空区位置为离右路基底 40 m、60 m、80 m 时,采深越大,沉降量越大,但差值并不是很大。

2)采空区位置对路面不均匀沉降的影响

计算结果输出如图 3.7~图 3.13 所示,图中每条曲线上的 3 个点分别代表路面左边界点、中心点和右边界点。

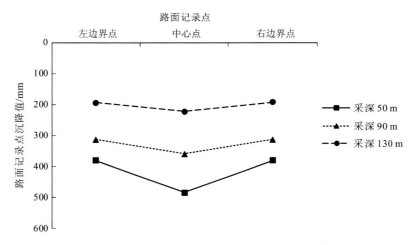

图 3.7　采空区位于公路正下方时路面记录点沉降量

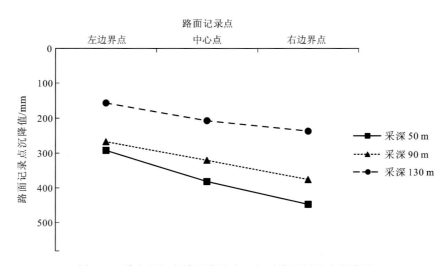

图 3.8　采空区与右路基底重合 1/2 时路面记录点沉降量

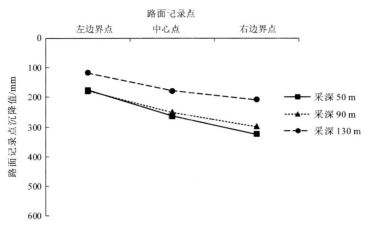

图 3.9 采空区与右路基底临界时路面记录点沉降量

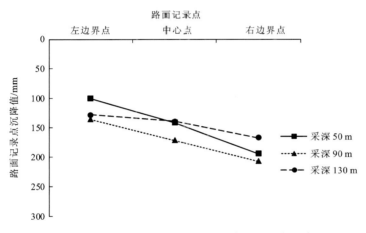

图 3.10 采空区离右路基底 20 m 时路面记录点沉降量

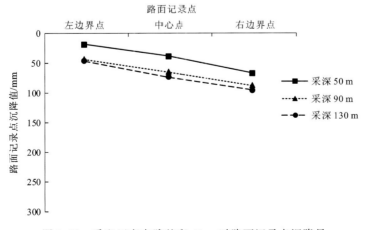

图 3.11 采空区离右路基底 40 m 时路面记录点沉降量

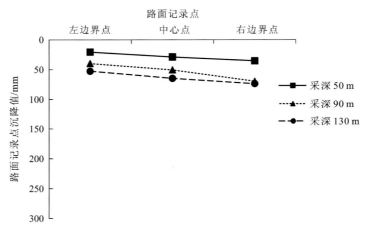

图 3.12 采空区离右路基底 60 m 时路面记录点沉降量

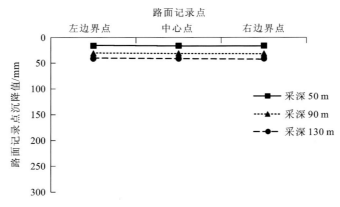

图 3.13 采空区离右路基底 80 m 时路面记录点沉降量

从图 3.7 可以得出:采空区位于公路正下方时,路面不均匀沉降曲线为左右对称曲线,路面中心点沉降量大,两边界点沉降量小,左右边界点沉降量基本相等,且采深越大,中心点与边界点的沉降量差值越小。

从图 3.8～图 3.12 可以得出:采空区位置为与路基底重合 1/2,与右路基底临界,离右路基底 20 m、40 m、60 m 时,路面不均沉降量从路面左边界点到右边界点依次增大,且采空区距右路基底越远,路面点的不均匀沉降差值越小;当采空区位置为与路基底重合 1/2、与右路基底临界、离右路基底 20 m 时,采深越大,路面点沉降差值越小,离右路基底 40 m、离右路基底 60 m 时,路面点沉降差值随采深变化并未呈现出较强的规律性。从图 3.13 可以得出:当采空区离右路基底 80 m 时,路面不均匀沉降曲线几乎为一条直线,即不均匀沉降差值几乎为零。将采空区处于各位置的路面中心点沉降量及左右边界不均匀沉降差值列入表 3.6 中。

表 3.6 路面中心点沉降量及左石边界不均匀沉降差值汇总表 （单位:mm）

采深	横向位置 / 路面点	正下方	临界	20 m*	40 m*	60 m*	80 m*
50 m	中心点沉降量	486.0	264.0	142.2	64.6	28.8	16.5
	左边界点沉降差值	−105.0	−88.7	−41.1	−20.2	−8.3	−1.3
	右边界点沉降差值	−105.0	60.0	52.8	28.1	6.6	0.6
90 m	中心点沉降量	360.0	251.0	172.3	90.6	50.4	31.5
	左边界点沉降差值	−45.8	−71.9	−35.6	−21.5	−10.6	−0.9
	右边界点沉降差值	−45.5	48.5	35.4	23.2	19.4	0.4
130 m	中心点沉降量	223.0	179.3	140.2	99.7	64.8	38.9
	左边界点沉降差值	−28.9	−61.6	−11.8	−25.1	−12.2	−1.1
	右边界点沉降差值	−30.1	28.7	27.8	21.6	−9.1	1.3

* 采空区距右路基底侧的距离。

从表 3.6 可以得出:当采空区位于公路正下方时,中心点沉降量最大,采深为 50 m 时达到 486 mm;当道路跨越和邻近采空区时,路面左右边界不均匀沉降差值最大,达到 148.7 mm。这样大的沉降量及不均匀沉降会造成路面弯曲、开裂,甚至不同程度下陷、塌落等破坏,因此在进行公路路线设计时,应尽可能避免公路修建在采空区正上方,或者与采空区面积部分重合、临界;若不能避免,则必须重视采空区的影响,对采空区进行治理,设计及施工时尽可能增加路基路面结构的强度和连续性。当采空区横向位置距右路基底侧 20 m、40 m、60 m 时,路面中心点沉降量和不均匀沉降差值明显减小,可根据实际工程情况在设计和施工时采用合理的措施减小沉降量及不均匀沉降,以保证公路在使用年限内的安全运营;当采空区横向位置距右路基底侧 80 m 时,路面中心点沉降量和不均匀沉降差值都很小,基本可以忽略采空区的影响。

3）采空区路面水平变形

采空区处于各位置的路面水平位移见表 3.7。

表 3.7 路面水平位移 （单位:mm）

采深	横向位置 / 路面点	正下方	临界	20 m*	40 m*	60 m*	80 m*
50 m	中心点水平位移	84.2	85.0	46.8	20.7	8.0	0.87
	左边界点水平位移	−3.1	116.3	80.7	43.8	20.0	2.4
	右边界点水平位移	−90.7	104.4	112.8	80.3	41.7	1.4
90 m	中心点水平位移	37.5	73.8	59.6	36.8	27.5	4.4
	左边界点水平位移	−4.7	73.4	74.8	53.9	41.6	5.6
	右边界点水平位移	−46.8	54.8	76.3	67.4	60.1	6.0

* 采空区距右路基底侧的距离。

采深	横向位置 路面点	正下方	临界	20 m*	40 m*	60 m*	80 m*
130 m	中心点水平位移	14.3	27.8	27.0	21.8	16.0	5.6
	左边界点水平位移	−3.0	25.2	29.0	27.0	22.5	6.1
	右边界点水平位移	−16.0	17.0	37.0	30.1	28.1	7.0

* 采空区距右路基底侧的距离。

从表 3.7 可以得出：路面水平位移基本随采深增大而减小,且采深越大,路面点的水平位移差值也越小;当采空区位于路基正下方时,两边路面点向中心轴处移动,路面中心点水平位移很小,略向左移;当采空区与路基底临界,距离右路基底侧 20 m、40 m、60 m时,离采空区横向距离越远,路面点水平位移越小,路面中心点和左右边界点位移差值并未表现出较强的规律性;当距离采空区 80 m 时,路面点水平位移均在 10 mm 以内,且中心点、左右边界点位移差值很小,采空区对路面水平位移的影响基本可以不考虑。

4）下伏采空区道路临界安全区域确定

通过对采空区与道路的相对位置对路基稳定性的影响分析,当采空区位于路基两侧左右延伸 80 m 的范围内时,路基沉降量、路基不均匀沉降差值、路面水平位移及水平位移差值均不能忽视,在此范围外,上述四项指标很小,可以不考虑采空区的影响,因此,采空区左右两侧 80 m 范围为下伏采空区道路修筑安全区。

3.3　下伏采空区道路路基沉降预测模型

在采空区地区修建公路,采空区的存在使路基沉降与差异沉降增大,在公路运营期间极有可能出现路面开裂、沉陷,甚至大面积塌陷等破坏,造成严重的交通事故,危及人民群众生命及财产安全,因此,严格控制路基沉降是保证公路安全通行的关键。控制路基沉降的常用方法是预测路基不同时刻及最终沉降量,一方面,为公路设计提供参考,另一方面,实现了公路修建过程中路基沉降变形的动态控制,以便优化施工组织和提前准备应对异常情况,对于提高施工效率和工程质量都意义重大。

3.3.1　沉降预测模型优选

公路路基沉降预测方法很多,比较常用的方法有曲线拟合预测法、灰色模型预测法、遗传算法预测法、神经网络预测法等。其中灰色模型预测法、遗传算法预测法和神经网络预测法在岩土工程中得到一定的应用,具有提高预测精度、解决高难度问题等优势,但这些方法的预测结果受数据的采集、分布序列和随机程度等因素影响很大,数据处理不当会增大工作量且得不到理想结果。另外,这些方法的理论基础与岩土工程中的地基沉降理论不易契合,在实际工程应用中有一定的局限性[18]。相较之下,曲线拟合预测法操作简单方便,具有一定的理论基础,得到的预测结果也能令人满意。因此,本书拟采用曲线拟合预测法建立预测模型。

曲线拟合预测法是一种经验预测方法,是将地基沉降发展趋势曲线与相近的已知函数曲线拟合,用已知函数曲线发展趋势预测地基后期沉降。常用的曲线拟合预测法有泊松曲线法、Asaoka 法、双曲线法和指数曲线法[5,32]。

1. 泊松曲线法

泊松曲线即为逻辑斯谛曲线(logistic curve),源于人口数学,该拟合曲线能很好地反映增长或衰变的 S 形关系,常用数学表达式为

$$S_t = \frac{k}{1 + ae^{-bt}} \tag{3.14}$$

式中:S_t 为 t 时刻对应的预测值;a、b、k 均为待定参数且为正,a 为无量纲数,b 的单位为时间的倒数,k 的单位为与 S_t 相对应的长度单位,可用三段计算法求解。

泊松曲线法对 S 形的时间–沉降曲线拟合效果较好,能够全过程反映沉降量与时间的关系,并能根据最新观测点不断调整预测趋势[6,33]。但与其他类型沉降趋势曲线的拟合效果有待进一步研究,且泊松曲线法的参数求解受时间序列中数据的个数 n 控制,其中 n 为 3 的倍数给处理数据工作增加了难度。

2. Asaoka 法

Mikasa 于 1963 年导出一维条件下由体积应变表示的固结方程为[34]

$$C_v \frac{\partial^2 \varepsilon_v}{\partial z^2} = \frac{\partial \varepsilon_v}{\partial t} \tag{3.15}$$

式中:ε_v 为体积应变。

Asaoka 认为该式可近似用一个级数形式的微分方程表示:

$$S + \alpha_1 \frac{\mathrm{d}s}{\mathrm{d}t} + \alpha_2 \frac{\mathrm{d}^2 s}{\mathrm{d}t^2} + \cdots + \alpha_n \frac{\mathrm{d}^n s}{\mathrm{d}t^n} = b \tag{3.16}$$

式中:S 为总固结沉降量;α_1,α_2,$\cdots$,α_n 为土的固结系数;b 为土层边界条件相关常数。

Asaoka 将式(3.16)简化为一种递推关系表达式,并提出用图解法解该递推关系的可能性。图解法的第一步是将绘制在算数比例图上的时间–沉降曲线划分成相等的时间 Δt,然后读出各时刻对应的沉降量。而该方法最大的缺点是 Δt 对最终沉降量的预测值影响太大[18]。

3. 双曲线法

双曲线法认为沉降量与时间按双曲线规律递减,数学表达式为[35]

$$S_t = S_0 + \frac{t - t_0}{\alpha + \beta(t - t_0)} \tag{3.17}$$

式中,S_t为t时刻的沉降量;S_0为拟合沉降量;α、β为待定参数,将式(3.17)进行简单变形,然后运用最小二乘法对其进行线性回归,确定α、β。

用双曲线法预测最终沉降量需要较长时间的观测资料,且若沉降变形发生在变化较大的初期阶段,用该预测法会出现比较大的偏差。

4. 指数曲线法

地基固结度可由下式计算[36]:

$$U_T = 1 - \alpha e^{-\beta t} \qquad (3.18)$$

式中:α、β为固结参数。

根据固结度定义,在t时刻,固结度可表示为

$$U_t = \frac{S_t - S_0}{S_\infty - S_0} \qquad (3.19)$$

式中:S_t为t时刻的沉降量;S_0为t_0沉降量;S_∞为最终沉降量。

将式(3.19)代入式(3.18)可得到指数曲线法的基本方程:

$$S_t = S_\infty - (S_\infty - S_0) e^{-\beta(t - t_0)} \qquad (3.20)$$

指数曲线法确定参数应用最广泛的方法是三点法,即在时间-沉降曲线上取三点,并要求$\Delta t = t_3 - t_2 = t_2 - t_1$,假定$t_1 = t_0$,将三组数据代入式(3.20),即可求出参数$\beta$和最终沉降量$S_\infty$。

应用指数曲线法预测沉降量要求所取三点的时间间隔尽可能大,以提高精度,减小误差。

文献[6,32]通过具体工程实例对这几种曲线拟合预测法进行了比较分析,结果显示:泊松曲线法预测结果与工程实际偏差较大,上述其他三种方法的拟合精度要高一些;与一般路基沉降情况相比,采空区路基沉降包括较大的瞬时沉降,且变形较大,达到沉降稳定期需要较长的时间,而双曲线法不适用于变形较大的初期阶段;双曲线法和Asaoka法对实测数据要求多,增加了监测记录的工作难度。指数曲线法所需实测数据少,参数确定方法简单,预测精度也较高。因此,本书拟采用指数曲线法预测采空区路基的沉降量。

3.3.2　建立预测模型

用三点指数曲线法[37]求解指数曲线预测方程中的参数。在实测曲线上取三点,要求$\Delta t = t_3 - t_2 = t_2 - t_1$,且$S_1 < S_2 < S_3$、$S_3 - S_2 < S_2 - S_1$,假定$t_1 = t_0$,然后把这三点代入式(3.20)中得

$$S_2 = S_\infty - (S_\infty - S_1) e^{-\beta(t_2 - t_1)} \qquad (3.21)$$

$$S_3 = S_\infty - (S_\infty - S_1) e^{-\beta(t_3 - t_1)} \qquad (3.22)$$

联立可得

$$S_\infty = \frac{S_2^2 - S_1 S_3}{2S_2 - S_1 - S_3} \qquad (3.23)$$

$$\beta = \frac{\ln \dfrac{S_\infty - S_1}{S_\infty - S_2}}{\Delta_t} \tag{3.24}$$

将 S_∞ 和 β 代入式(3.20)中,即可求得任意时刻的沉降量。

根据前文对采空区地基沉降机理的分析可知,采空区地基沉降包括三个阶段,即瞬时沉降期、活跃沉降期和稳定沉降期。矿产被开采出后,留下了空洞区,地基会有一个瞬时响应,产生较大的瞬时变形,三点指数曲线预测法虽然有一定的理论基础,计算简单,但是也存在局限性,即不能考虑荷载施加或者煤被开采后产生的瞬时沉降。因此,本书拟对三点法进行修正,用三点中的第一点来表征瞬时沉降,则有 $t_1 = t_2 = 0$,$S_1 = S_瞬$,代入式(3.20)得

$$S_t = S_\infty - (S_\infty - S_瞬)e^{-\beta t} \tag{3.25}$$

式(3.25)为考虑了瞬时沉降的指数曲线表达式,三点法中的三个点均取自实测曲线,但是由于瞬时沉降发生时间较短,沉降量较大,很难准确监测,影响预测结果精度,因此需要寻求其他途径来确定瞬时沉降量数据。

除矿产开采外,许多工程建设都涉及地下隧洞开挖,其引起的地表沉降问题也不容忽视,尤其是对地表沉降控制很严格的地铁隧洞开挖工程。目前,隧洞开挖引起的地表位移预测方法很多,其中,最简便的、应用最广泛的无疑是 Peck 于 1969 年提出的经验公式[38]。当时 Peck 在不考虑排水固结和蠕变(短时间内)的条件下,分析了大量隧道开挖引起的地表沉降实测资料,系统地提出了地层损失的概念和估测隧道开挖引起地表沉降的实用方法。Peck 公式提出较早,在国外积累的相关经验丰富,在国内,研究者在全国各地收集了大量的实测数据,总体上看,除个别实测数据外,即使开挖方法不同,土层材料种类千差万别,若隧道符合一定埋深,其地表瞬时沉降曲线都基本符合高斯分布规律,可用 Peck 公式预测沉降量[39]。

Peck 提出的隧道开挖引起的沉降曲线一般称为"沉降槽",该曲线可以用高斯分布拟合[40]。Attewell 等[41]和 Rankin[42]总结了当时广泛应用的经验方法,提出计算公式:

$$S = S_{max}e^{-\frac{y^2}{2i^2}} \tag{3.26}$$

式中:S 为地面任一点的沉降量;S_{max} 为地面最大沉降量,位于沉降曲线对称中心线上;y 为从沉降曲线地表中心点到计算点的距离;i 为从沉降曲线地表中心点到曲线拐点的距离,一般称为沉降槽宽度。

根据相关经验总结,i 和隧道埋深 z 之间存在简单的线性关系如下:

$$i = Kz \tag{3.27}$$

地面最大沉降量与地层损失之间存在如下关系:

$$S_{max} = \frac{V_s}{\sqrt{2\pi}i} \tag{3.28}$$

式中:K 为沉降槽宽度参数,取决于土层性质;V_s 为地层损失,表示开挖隧道单位长度的地层损失(m^3/m),$V_s = V_1 \times A$,V_1 为地层损失率,表示单位长度的地表沉降槽体积占隧道名义面积的百分比,A 为开挖隧道的横截面积。

将式(3.27)和式(3.28)代入式(3.26),即得到地表沉降的预测公式:

$$S = \frac{V_1 A}{Kz\sqrt{2\pi}} e^{-\frac{y^2}{2K^2 z^2}} \qquad (3.29)$$

预测公式中有两个重要的参数,K 和 V_1,前者决定了沉降槽曲线的形状(宽而浅或窄而深),后者决定了沉降的大小。两参数的取值参考下述要求[38,43]。

(1) K 值与土层性有关,文献[38]根据大部分实测资料分析,给出了我国部分地区不同土性的初步建议值,本书取值由数值模拟计算结果代入预测公式推出。对于埋深较大的情况,开挖的隧道断面形状对沉降曲线影响不大,但若埋深较浅或超深,隧道断面宽度与埋深之比 D/z 小于 1.0 或 1.5,隧道断面形状对沉降曲线的影响就较大,文献[38]中分析了几组浅埋的沉降数据,得到了较大的 K 值(0.62~0.89)。在地铁隧道开挖工程中,隧道断面一般都接近圆形,采用式(3.29)预测沉降时按圆形计算,但是采空区的空洞断面形状是多样的,本书中建立的模型采空区断面为矩形,且宽厚比较大,因此,对于浅埋采空区用 Peck 公式预测地表瞬时沉降时,不得不考虑采空区横断面的尺寸效应对沉降的影响。

(2) V_1 与水文地质、工程地质条件有关,此外还受施工方法、施工技术水平、管理水平等因素影响,离散性较大,总体来说,地层损失率范围为 0.22%~6.90%。对于隧道开挖工程,周围土体事先进行了加固,在挖掘过程中,土体具有很好的自稳性,产生的地层损失较小,因此计算时取较小的地层损失率。从文献[38]分析我国地铁隧道实测数据得出的地层损失率取值来看,极少情况地层损失率大于 3%,一般地层损失率较小,取值为 0.22%~1.5%。对于采矿工程来讲,虽然开采前周围土体也进行了简单的加固,但与地铁隧道工程相比,加固程度低得多,因此产生的地层损失较大,计算时应取较大的地层损失率。本书的地层损失率由数值模拟计算结果代入预测公式推出。

综上所述,根据 K 和 V_1 的建议取值范围,考虑采空区的断面尺寸效应,采用上一节的数值模拟计算结果代入预测公式试算分析,得出适合矩形断面的采空区地表瞬时沉降预测公式:

$$S_瞬 = \frac{D^2}{h^2} \frac{V_1 A}{Kz\sqrt{2\pi}} e^{-\frac{y^2}{2K^2 z^2}} \qquad (3.30)$$

式中:用 D^2/h^2 表征采空区断面形状的影响(D 为采空区采宽,h 为采空区采高)。应用数值模拟计算结果代入预测公式求得:地层损失率 V_1 在 4.4% 左右,采深 $z=50$ m 时,属浅埋采空区,采空区断面形状对沉降槽曲线影响较大,K 取值在 0.8 左右;当采深 $z=90$ m 和 130 m 时,K 取值在 0.5 左右。

应用修正后的 Peck 公式预测采空区的地表瞬时沉降,将式(3.30)求得的 $S_瞬$ 代入式(3.25),即得到修正后的三点指数曲线预测模型。

3.3.3　修正后的预测模型验证

1. 数值计算结果验证

采用数值计算结果验证修正后的三点指数曲线预测模型。三点取法如下:时间 t_1、

t_2、t_3 为 0 年、1 年、2 年,对应的 S_1 为瞬时沉降量,S_2 为 t_2 时刻对应的沉降量,S_3 为活跃沉降期基本结束时的沉降量,然后预测 $t_4 = 0.5$ 年、$t_5 = 1.5$ 年时的路基沉降量。各个时刻的数值模拟结果见表 3.8,预测结果与数值模拟结果的比较分析见表 3.9。

表 3.8　数值模拟结果取值　　　　　　　　（单位:mm）

采空区横向位置	$S_瞬$	S_2	S_3	S_4	S_5	S_∞
采深 50 m 正下方	179.3	367.5	460.0	289.6	421.0	512.0
采深 90 m 正下方	159.3	312.8	363.0	250.1	349.3	391.4
采深 130 m 正下方	110.4	193.1	224.0	168.3	210.6	246.0
采深 50 m,离公路右路基底 20 m	51.9	119.8	142.2	91.7	139.9	158.6
采深 90 m,离公路右路基底 40 m	29.1	74.9	90.0	59.2	79.6	100.2
采深 130 m,离公路右路基底 60 m	31.4	56.6	64.8	48.0	64.6	71.1

表 3.9　本书预测模型预测结果　　　　　　　　（单位:mm）

位置	$S_瞬$	S_∞	S_4	S_5	$\Delta_瞬$	Δ_∞	Δ_4	Δ_5
采深 50 m 正下方	182.6	494.6	295.7	413.6	3.3	−17.4	6.1	−7.4
采深 90 m 正下方	162.3	388.1	257.9	344.7	3.0	−3.3	7.8	−4.6
采深 130 m 正下方	112.4	238.0	165.6	213.8	2.0	−8.0	−2.7	3.2
采深 50 m,离公路右路基底 20 m	52.8	153.5	95.3	134.4	0.9	−5.1	3.6	−5.5
采深 90 m,离公路右路基底 40 m	29.6	97.5	53.3	84.6	0.5	−2.7	−0.9	5.0
采深 130 m,离公路右路基底 60 m	32.0	68.9	47.6	61.9	0.6	−2.2	−0.4	−2.7

注:表中 Δ 为相应的预测值-模拟值。

从表 3.8 和表 3.9 可以得出,运用修正后的 Peck 公式预测的瞬时沉降量比数值模拟的瞬时沉降量稍大,预测的 0.5 年沉降量、1.5 年沉降量和最终的沉降量绝大部分比模拟值稍小,但差值均较小,大部分在 10 mm 以内。本书修正后的三点指数曲线预测模型的预测结果与数值模拟计算结果基本一致,由此可以得出,用数值模拟结果确定的瞬时沉降公式中的参数 K 和 V_1 准确、可靠。

2. 工程实例验证

本书的数值模拟计算模型取自研究项目标号为 K26+500 附近的一段公路,将现场实测的路基沉降数据和本书预测模型预测的路基沉降数据比较分析,结果见表 3.10,两者的时间-沉降曲线如图 3.14 所示。

表 3.10   路基沉降的预测数据和现场监测数据对比

时间/a	现场监测数据/mm	模型预测数据/mm	Δ/mm
0	144.5	182.6	38.1
0.5	301.6	295.7	−5.9
1	345.8	367.5	27.1
1.5	427.5	413.6	−13.9
2	478.9	460.0	−18.9
2.5	490.0	475.0	−15.0
3	501.0	486.0	−15.0
3.5	—	492.0	—
4	—	494.6	—

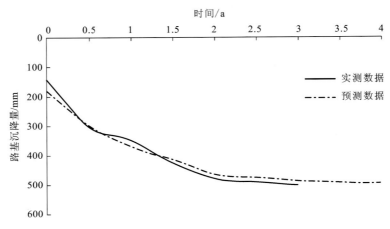

图 3.14   路基时间-沉降曲线图

从表 3.10 可以得出,与现场实测数据相比,本书预测模型得出的瞬时沉降量偏大,0~1 年为沉降最活跃期,预测值基本偏小;1~2 年为沉降比较活跃时期;2~3 年,沉降由活跃期进入稳定期,预测值偏大。从图 3.14 可以得出,对比本书预测模型得出的时间-沉降曲线与现场实测的时间-沉降曲线,两者发展趋势走向基本一致,说明本书提出的预测模型预测效果良好,具有较好的实用性,其预测结果可以为采空区公路修建工程的设计和施工提供一定的参考。

本书提出的采空区公路路基沉降预测模型,是建立在三点指数曲线预测法的基础上,传统的三点预测法的三点取值来源于工程现场监测数据,为了提高预测精度,要求三点取值的时间间隔尽可能大,这也是三点预测法在实际工程应用中的限制性因素。与一般公路工程相比,采空区域内公路路基沉降的历时要长得多,持续 3~5 年,这无疑给现场监测及数据处理工作增加了难度和工作量。本书对比了数值模拟数据与现场监测数据,两者差值很小。因此建议将数值模拟分析与预测模型相结合,采用数值模拟计算数据来确定预测模型的参数,然后通过现场监测数据对参数进行修正,这样既能减少工作量,又能保证预测精度。

3.4　交通荷载作用下采空区道路路基沉降分析

交通荷载是采空区道路常见的动荷载之一,同时也是影响采空区沉陷的主要因素。目前,交通荷载对采空区稳定性影响的研究主要集中在两个方面:第一,交通荷载对路基稳定性的影响;第二,其他形式的动荷载对采空区稳定性的影响。关于动荷载造成采空区沉陷的研究较多,如张长敏等[44]采用静力荷载作用采空区来分析地表的沉降。交通荷载的作用会打破采空区上覆三带岩体的平衡,加大汇降,在其周围沉降变化最明显。目前关于交通荷载对采空区稳定性的影响主要集中在研究交通荷载形式上,国内外常用静力荷载来代替交通荷载进行采空区稳定性研究,而很少考虑交通荷载的动荷载特性,如频率、振幅等影响。此外,对采空区稳定性影响的动荷载除了交通荷载外,常见的还有地震荷载和冲击荷载的作用,对此国内外研究较少,应加强对其研究。

对于动荷载作用下采空区等地表变形的研究常运用以下方法。

(1) 理论法。此法要求深厚的理论知识,且限制条件较多,一般不建议使用。

(2) 现场观测法。此法具有方便、直观等优点,但观测量较大,对于工程量小的可以采用,此外还延伸出更具适用范围的模型实验法。

(3) 数值模拟法。此法方简便、快捷、工作量小且有着广泛的适用范围。

综合考虑各种因素,本书以采空区实际沉陷路段为观测对象,运用动荷载作用进行模拟,进而分析采空区道路路基的沉降。

作用在路面结构上的交通荷载变化是一个复杂的过程。荷载作用于路面结构,路面结构对荷载的响应反过来又会影响荷载的变化。荷载作用于路面结构上并在结构内传播,在路基处产生的附加应力引起路基的沉降。总体而言,交通荷载对路基影响有其固有特性[45]:三维空间的动荷载引起道路结构的响应,数量和重量的增加会加快路基下沉,随路基填土高度的增加而减少。

时间、空间和路面情况均会对交通荷载产生重要影响。目前世界各国的路面设计规范中,通常以静止的集中荷载、均布荷载和面状荷载三种形式来表征交通荷载,可统一用公式表达[46]:

$$F_{(r)} = \begin{cases} 0 & r > r_0 \\ p & r \leqslant r_0 \end{cases} \tag{3.31}$$

式中:r_0 为荷载中心到边界的距离。

如果 $r_0 \to 0$,则 $F_{(r)}$ 为集中荷载;如果是均布荷载,那么 $2r_0$ 就是荷载作用范围;如果是面状荷载，那么 r_0 就是分布半径。

理论和实验均已证明，车辆荷载在路面结构上的行驶过程实际上是一个平稳的随机荷载，与路面的不平整度密切相关；荷载的位置随着车辆的运动会不断变化；此外，荷载与路面间是以椭圆形式接触且压力分布不均匀[47]。理论上建立荷载路面间关系比较困难，但是通过简化，利用有限元进行计算分析则十分有效。在有限元中常用半波正弦或冲击荷载等近似描述实际交通荷载，半波正弦荷载的特点是振幅随时间出现波动，冲击荷载则是时间短，冲击数值大。

重载交通道路的定义为：道路在投入运营后，路面的性能指标急剧下降且累计标准轴次或交通量远高于一般的路面。在国外主要指大型多轴货车使用的线路[48]，在我国主要分为三类：国道主干线、集装箱专用线和运煤专用线，因此重载交通道路可看作是为满足某些大量货物运输需求而修建的专用道路。本书的研究区道路毗邻大平煤矿，很有可能作为运煤线路，符合重载交通道路的定义。

3.4.1　采空区路基沉降有限元模型

本书针对项目采空沉陷路段，选择沉陷区 K28＋300 标段公路为模拟对象，由现场钻探确定材料层次，根据简化规则建立几何模型，地层划分见表 3.1。

1. 模型几何尺寸

结合计算路段的设计资料与现场勘察，数值模拟按如下要求设置。

(1) 地基部分：水平为 100 m，竖向为 100 m，行车方向长度为 20 m。

(2) 路基部分：路基竖向高度为 4 m，路基顶部水平为 24 m，路基两边的边坡坡度为 1∶1.5，左右路基底距地基边界分别为 30 m 和 34 m。

(3) 采空区几何尺寸：采空区选择位于道路路基中心点正下方，采空区采深设为 40 m，行车方向为 20 m，水平为 6 m，竖向为 3 m。

(4) 监测点：选择(48,0,0)、(48,0,−5)、(48,0,−10)、(48,0,−15)、(48,0,−20)、(48,0,−25)、(48,0,−30)、(48,0,−35)。

鉴于 PLAXIS3D 拥有良好的建模界面，用 PLAXIS 进行几何模型建立及网格划分，划分网格后的模型单元如图 3.15 所示。

2. 本构模型

数值模拟中选择恰当的本构模型很重要，主要依据材料特性和研究方向两方面来确定合适的本构关系，PLAXIS3D 最常用 Mohr-Coulomb 塑性本构模型。大多学者在研究采空区地表沉陷方面，常用 Mohr-Coulomb 塑性本构模型来进行数值模拟分析，得到了相关结论。但采空区路基在动荷载作用下的沉降是随时间不断变化的过程，岩土体的动力响应才是产生沉降的关键，传统的 Mohr-Coulomb 模型并未考虑到这一点，本算例中土体

图 3.15 划分网格后的模型单元图(采深为 40 m)

本构选择小应变土体硬化模型,岩石材料选择 Mohr-Coulomb 模型。土体硬化模型为二阶高级本构模型,属于双曲线弹塑性模型,考虑了剪切和压缩硬化两方面作用下土体的应变变化过程。实质上土体硬化模型多方面考虑土体的受力特性,更加符合实际中土体的受力状态。而小应变土体硬化模型是在土体硬化模型的基础上引入了小应变属性,考虑了土的受荷历史和刚度的应变相关性,可以模拟动力作用下的滞回圈行为。小应变属性是动三轴试验中发现的土体特性。在外界荷载作用的时候,小应变土体硬化模型的高级特性会更加明显。此外在进行动力分析的时候,引入了超静定材料阻尼,所得到的位移结果比其余的本构模型更加精确。

3. 材料参数和阻尼

项目区域内,岩层参数是室内试验和现场勘察结合得到的,见表 3.11 与表 3.12。

表 3.11 Mohr-Coulomb 材料参数表

材料名称	K/MPa	c/MPa	σ_t/MPa	φ/(°)	ρ/(kg/m³)
泥岩	19 000	1.1	2.3	27	2 460
砂岩	24 000	2.5	3.6	23	2 650

表 3.12　小应变土体硬化模型材料参数表

材料名称	E_{50}^{ref}/kPa	E_{oed}^{ref}/kPa	E_{ur}^{ref}/kPa	$\gamma_{0.7}$	G_0/kPa
路基土	27.27×10^{-3}	27.27×10^{-3}	81.82×10^{-3}	0.2×10^{-3}	100×10^{-3}
黄土	4.21×10^{-3}	4.21×10^{-3}	12.63×10^{-3}	0.18×10^{-3}	120×10^{-3}
砂土	17.39×10^{-3}	17.39×10^{-3}	52.17×10^{-3}	0.22×10^{-3}	110×10^{-3}

注：E_{50}^{ref}为三轴排水试验中考虑主加载的割线模量；E_{oed}^{ref}为侧限加载试验的切线模量；E_{ur}^{ref}为三轴排水试验中考虑主加载的卸载再加载模量；$\gamma_{0.7}$为剪切应变；G_0为小应变剪切模量。

但道路下方各层岩土体实际上是处于地质结构中，岩层的材料力学参数与地质结构关系紧密，且存在开采、土层作用等影响，真实环境中岩土体的材料参数与取样试验得出的数据存在差异性，故对表 3.11 与表 3.12 中的材料参数取值进行折减，折减法见表 3.13。

表 3.13　材料参数折减表

折减参数名称	未采动区	采动弯曲带	采动裂隙带	采动冒落带	表层风化带
模量	$1/3\sim1/2$	$1/6\sim1/3$	$1/20\sim1/6$	$1/30\sim1/20$	$1/2$
黏聚力、抗拉强度	$1/3\sim1/2$	$1/6\sim1/3$	$1/20\sim1/6$	$1/30\sim1/20$	$1/2$
泊松比	不变	不变	$1\sim2$	$1\sim2$	不变

动力计算中的材料阻尼由土体黏滞特性、摩擦和不可逆应变的发展引起，PLAXIS 中所有塑性模型都能产生不可逆（塑性）应变，因此可以引起材料阻尼。但是该阻尼一般不等同真实土体的阻尼，如 PLAXIS 中的小应变土体硬化模型（HSS）包含加载与再加载循环中的滞后行为，使用该模型时，累计阻尼量取决于应变圈的幅值。在小幅振动的情况下，即使小应变土体硬化模型也不能体现出材料特性，实际土体中仍会表现出一定大小的黏滞阻尼。因此在动力计算中需要借助附加阻尼模拟土体的实际阻尼，这可以通过瑞利阻尼实现，常用的表达式为

$$C=\alpha M+\beta K \tag{3.32}$$

式中：α 和 β 均为阻尼常数，前者与质量相关，后者与刚度相关。质量和刚度两个变量对系统阻尼的影响分别由 α 和 β 决定。α 由小变大，低频振动的阻尼不断加大；β 由小变大，高频振动的阻尼不断加大，两者对频率的影响正好相反。

在工程应用中，常用的工程参数是阻尼比 ξ，通常 α 和 β 不能直接得到，而是由阻尼比 ξ 计算出来的，本书选用自振频率作为中心频率。本书动荷载为 5 T 落锤式弯沉仪（Falling Weight Deflectometer，FWD），周期为 0.06 s，自振频率选为 16.7 Hz，为中心频率，则最大频率即为 50 Hz，选用振型阻尼比 ξ 为 0.05，则计算所得不同材料的 α、β 见表 3.14。

表 3.14　模型中材料的阻尼参数取值

材料名称	α	β
黄土	0.168	0.238×10^{-3}
泥岩	0.209	0.238×10^{-3}
砂土	0.293	0.453×10^{-3}
砂岩	0.335	0.382×10^{-3}

4. 边界条件

边界条件设置的合理性决定了数值模拟结果的收敛性和正确性,尤其是在动力荷载计算中,如果边界条件设置不合理,可能会引起荷载波在边界上来回反弹,进而影响计算结果的准确性。本模型的边界条件主要是限制位移。本书采用标准黏性吸收边界条件,设置如下:

(1) 地表为自由边界;

(2) 模型左右两侧边界均为黏性标准边界;

(3) 模型前后两侧边界均为黏性标准边界;

(4) 模型底部边界为黏性标准边界;

(5) 动荷载下土体固结沉降过程中,排水边界的空隙压力设置为零。

5. 动力荷载

本书选择的 5T FWD 换算成车轮荷载即为标准轴载作用,时间周期为 60 ms,通过监测一个周期的荷载数值,得到荷载的输入形式,如图 3.16 所示。通过上述材料参数、边界条件及荷载的输入可以得到计算前的工况分析,如图 3.17 所示。

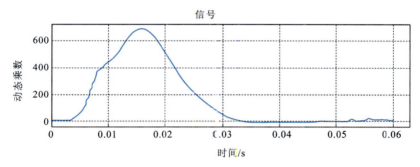

图 3.16　荷载的输入形式图

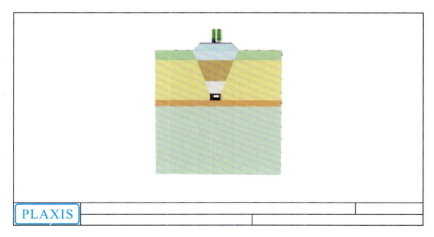

图 3.17　建模完成后的计算工况图

　　通过省道 323 线新密观测站历年交通量资料和现场公路交通量的统计分析,其平均日交通量(ADT)约为 3500 辆,其中货车的占比约为 68%。通过车辆轴载换算,其中标准轴载 0.7 MPa 和重载 1.0 MPa 的车辆居多,参照上文的模型建立方法,查阅相关文献得知,由于动静荷载在长期作用路面结构破坏时的差异并不是特别大,故本书拟采用静荷载来模拟动荷载对采空区道路的长期作用,分别建立标准轴载 0.7 MPa 和重载 1.0 MPa 两种荷载工况,然后监测荷载长期作用下路基中心点的沉降量,进而分析采空区不同荷载对路基沉降的影响。省道 323 线新密观测站点的历年交通量统计表如表 3.15 所示,通过对表中数据的统计分析,可确定代表性的重载取值。

表 3.15　S323 线新密观测站历年交通量　　　　　　　　　　　　(单位:辆/d)

年份	小客	大客	小货	中货	大货	拖挂	合计
2009	800	320	1100	1000	180	100	3500
2010	820	330	1150	1000	130	100	3530
2011	860	320	1200	1083	150	90	3703
2012	815	321	1200	1094	200	80	3710
2013	830	310	1180	925	190	100	3535
2014	810	318	1150	970	170	110	3528
2015	780	316	1160	1050	180	90	3576
2016	805	328	1200	1000	200	100	3633

3.4.2　计算工况

　　(1) 根据现场的钻探取样,在路基中心点及其下方每隔 5 m 选择一个监测点,分析有无采空时(采深为 40 m),采空区上方不同位置的岩土体在一个动荷载周期内的沉降规律,进而有助于研究分析公路运营期间,在交通动荷载累计轴载作用下的路基沉降情况;

　　(2) 根据过去几年新密观测站交通量的统计,进行重载和标准轴载两种荷载作用下的对比,由两种荷载下路基中心点的沉降量,总结不同荷载作用下的路基沉降规律。

3.4.3　计算结果分析

　　1. 标准轴载作用下有无采空区时的上覆岩层沉降分析

　　路基下方无采空区和有采空区的情况下,模型的竖向位移云图如图 3.18 和图 3.19所示。

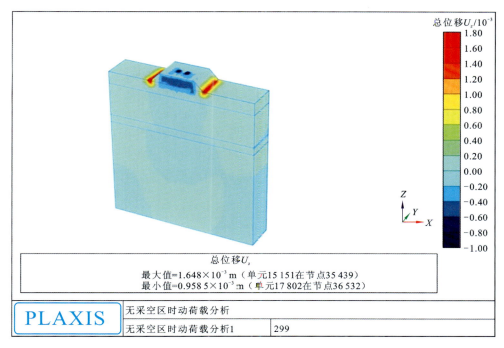

图 3.18　无采空区时岩体的竖向位移云图

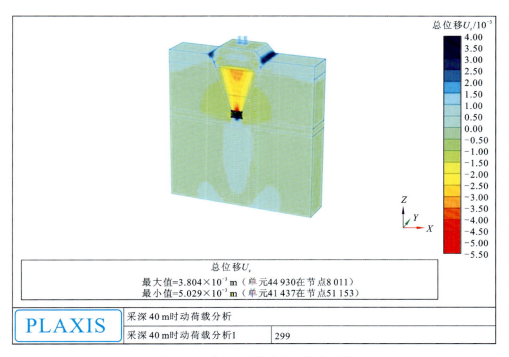

图 3.19　采空区岩体的竖向位移云图

从图 3.19 可知,采空区路基在动力荷载的作用下,从采空区顶板到路基顶层,岩土层的竖向位移值呈不断减小的趋势。没有采空时呈平缓减小的趋势,有采空时呈骤然减小的趋势。原因是煤矿的采动作用破坏了岩土层内部结构的完整性,削弱了岩土层的强度和刚度,竖向位移从采空区顶板向上不断传递,在传递的过程中采空区上覆岩层会产生弯曲、裂隙、垮落和破裂等现象,从而导致上覆岩层沉降量小于顶板的沉降量。

将竖向位移图中选定的监测点进行每一步的输出,可得到采深为 40 m 时有无采空条件下监测点的位移曲线及对比图,如图 3.20～图 3.23 所示。分别选取路基中心点和采空区上方 5 m 处进行对比,其中蓝色曲线代表存在采空区时监测点的竖向位移曲线,红色曲线代表无采空区时监测点的竖向位移曲线,并沿路基中心点竖直剖面上每隔 5 m 选择一个监测点,分别采用不同的颜色和样式表示所有监测点在一个周期内的位移图。

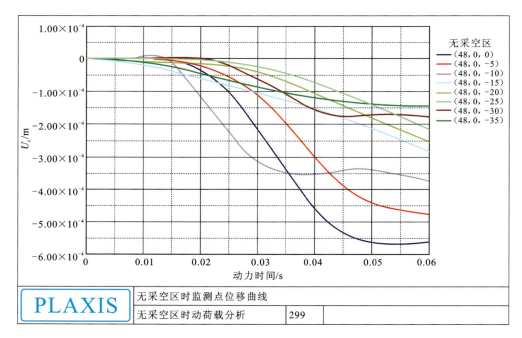

图 3.20　无采空区时各监测点位移曲线

从图 3.20～图 3.23 可以得到,在动荷载振动周期内,采空区比非采空区更快进入塑性变形,竖向沉降量能更快进入激增的阶段,而且随着深度的增加,进入塑性阶段的时间更短,说明采空区的存在使其上覆岩层更快地发生沉降变化。在采空区上方 10 m 范围内,沉降速率最大;在采空区上方 10～25 m 范围内,沉降速率趋于平缓;在采空区上方 25～35 m 范围内,沉降速率呈减小趋势。

通过上述监测点的竖向位移曲线对比图,可以得到交通荷载作用下采空区上覆岩层一个周期内的最终沉降量(表 3.16)。根据表中数据,可以绘出交通荷载作用下采空区上覆岩层附加沉降量随深度的弯沉及采空区沉降扰动系数曲线,分别如图 3.24 和图3.25所示。

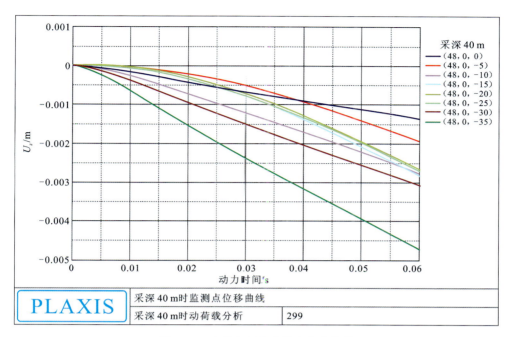

图 3.21　有采空区各监测点位移曲线

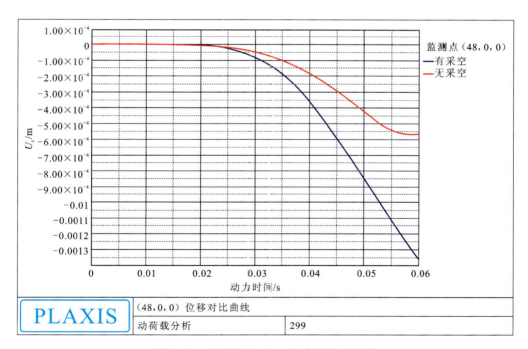

图 3.22　监测点(48,0,0)沉降曲线对比图

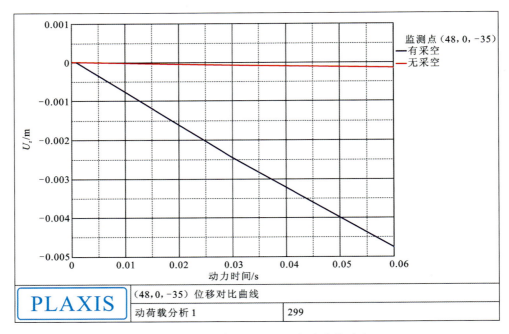

图 3.23　监测点(48,0,−35)沉降曲线对比

表 3.16　采空区上覆岩层监测点弯沉值(0.01mm)

深度/m	无采空区	有采空区(采深 40 m)	扰动系数
0	56.6	136.3	1.41
5	47.2	192.2	3.07
10	37.5	281.7	6.51
15	28.9	279.7	8.68
20	25.4	267.2	9.52
25	21.6	268.2	11.42
30	17.4	305.6	16.56
35	14.7	475.9	31.37

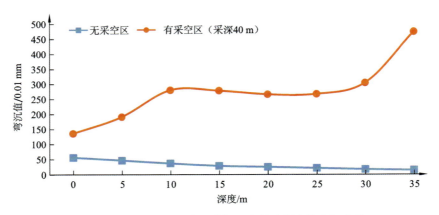

图 3.24　采空区上覆岩层附加沉降量随深度的弯沉曲线

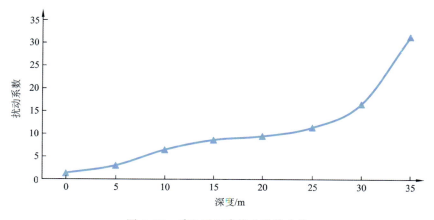

图 3.25　采空区沉降扰动系数曲线

从图 3.24 可知,在相同的交通荷载作用下,无采空区时,随着深度的增加,岩层的沉降量总体上呈减小的趋势;有采空区时,随着深度的增加,在采空区和地表之间,岩层的沉降量呈增加的趋势,近似于"S"形曲线。在采空区上方 5 m(地表下 30~35 m)范围内,沉降呈线性增大,说明采空区开采对此段的岩层影响最大;在采空区上方 5~25 m(地表下 10~30 m)范围内,沉降呈平缓趋势,说明随着远离采空区沉降趋于平缓;在采空区上方 25~35 m(地表下 0~10 m)范围内,沉降呈减缓趋势,最后收敛于地表处,说明沉降基本稳定,这与采空区的三带划分相吻合。

采空区的存在影响了上覆岩层的特性参数,进而增加了土体的沉降,可建立采空区对上覆岩层扰动系数的概念来表征该影响。采空区扰动系数 K_0 的公式为

$$K_0 = (S_1 - S_2)/S_2 \tag{3.33}$$

式中:S_1 为有采空区时某点的沉降量;S_2 为无采空区时某点的沉降量。

由图 3.25 可知,当采深为 40 m 时,扰动系数在地表处最小,在 35 m 处最大,且从采空区向上至地表不断减小。在采空区上方 10 m(地表下 25~35 m)范围内,扰动系数的变化率最大,说明此区间采空区扰动影响最大;在采空区上方 10~20 m(地表下 15~25 m)范围内,扰动系数的变化率基本不变,说明此段区域整体沉降稳定,采空区对岩层应力影响较小;在采空区上方 20~35 m(地表下 0~15 m)范围内,扰动系数的变化率又突然增大,说明此段区域采空区的影响较小,导致沉降衰减较大。根据上述分析得出以下结论。

（1）在动力荷载作用下,地表至采空区处,监测点竖向位移值呈不断减小的趋势,在有采空区时减小呈急剧趋势,无采空区时减小呈缓慢趋势,说明采空区的存在加剧了上覆岩层的沉降。

（2）存在采空区时,上覆岩层的沉降呈现出先急剧递减再平缓最后又急剧递减的趋势,符合采矿学中煤矿上方采空区三带的划分。

（3）在动荷载振动的一个周期内,采空区比无采空区的监测点能更快地进入塑性变形的阶段,而且越靠近采空区的监测点,进入塑性变形的时间越短,说明采空区的存在很大程度上影响了上覆岩层的变形特性过程。

（4）通过比较分析有无采空区情况下上覆岩层监测点的位移沉降量,建立采空区的

扰动系数,明显发现在采空区以上 10 m 范围内,扰动系数最大且变化率也最快,说明采空区对其上方 10 m 范围内岩层沉降的影响最为强烈。

　　2. 标准轴载与重载长期作用下采空区路基沉降分析

　　标准轴载与重载长期作用下的路基竖向位移云图如图 3.26 和图 3.27 所示。分别对两种情况下的路基中心点进行监测,模拟荷载从开始作用到采空区道路路基被破坏的整个过程,得到路基中心点的竖向位移曲线,如图 3.28 和图 3.29 所示。

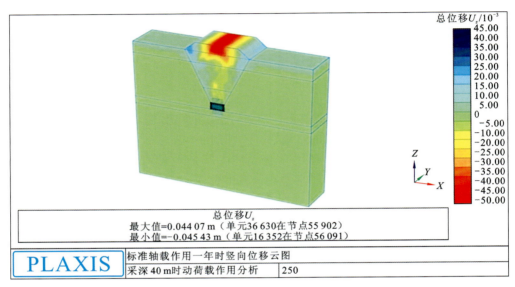

图 3.26　标准轴载长期作用下采空区岩体的竖向位移云图

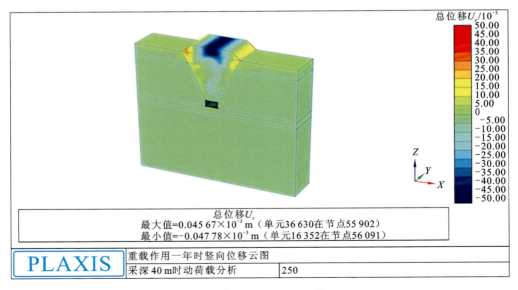

图 3.27　重载长期作用下采空区岩体的竖向位移云图

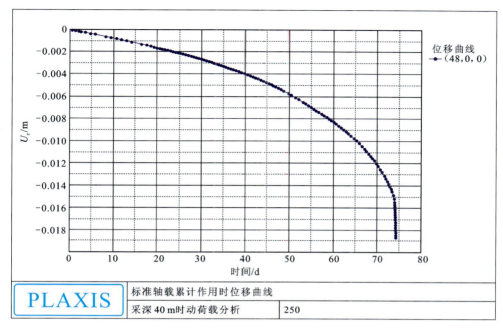

图 3.28　标准轴载长期作用下路基中心点的竖向位移

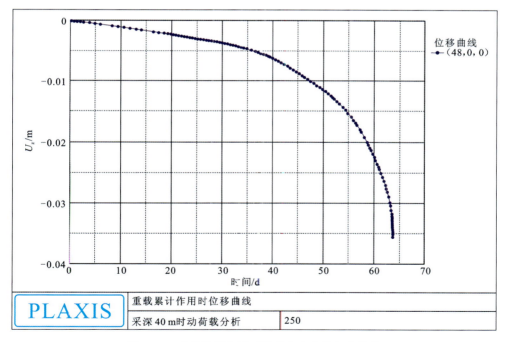

图 3.29　重载长期作用下路基中心点的竖向位移

　　根据历年交通量统计调查对上述两个位移曲线进行累计轴载换算,可以得到表 3.17 中关于两种不同轴载长期作用下路基中心点的沉降量,进而得到不同轴载长期作用下的路基中心点的沉降曲线图,如图 3.30 所示。

表 3.17　不同轴载长期作用下路基中心点的沉降量

轴载次数/万次	标准轴载长期作用下的沉降量/mm	重载长期作用下的沉降量/mm
5	1.2	2
10	2.4	4.2
15	5	8.8
20	8.2	22
25	12.3	32
30	15	34
40	18	36
50	19.8	37.5
60	21.3	38.8

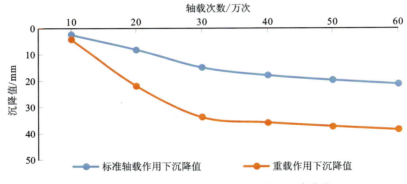

图 3.30　不同轴载作用下路基中心点的沉降曲线

　　由图 3.28～图 3.30 可知,标准轴载长期作用下在 75 天累计约为 30 万轴次作用,采空区道路发生破坏,路基中心点的破坏沉降量约为 15 mm;重载长期作用下在 60 天累计约为 20 万轴次作用时,采空区道路发生了大变形破坏,路基中心点破坏时的沉降约为 22 mm。

　　在荷载长期作用过程中,关注荷载作用区沉降的同时也要注意路基边坡的翘曲破坏。荷载长期作用引起的沉降在竖向上与采空区呈现贯通趋势,由地表向采空区延伸,因此应加大对路基土与采空区之间土层强度的保护,防止长期荷载作用导致两者间土层的剪切破坏。通过重载和标准轴载长期作用下的竖向位移曲线对比可知:竖向位移变化规律基本相同,均为前期增加较快,后期达到破坏后位移值趋于稳定,不同的是重载长期作用比标准轴载更快地导致路基破坏,说明重载作用使路面在早期就会发生沉降破坏,因此对于采空区道路要特别注意对重载车辆的限行,而且要做好实时监控。

参 考 文 献

[1] JONES C J F P,SPENCER W J. The implication of mining subsidence for modern highway structure [C]. Large Ground Tunnel Movement and Structure Proceedings,University of Wales Cardiff,1977: 515-526.

[2] JONES C J F P,O'ROURKE T D. Mining subsidence effects on transportation facilities[M]//Siriwardane H J,ed. Mine Induced Subsidence:Effectson Engineered Structures. 1988:107-126.

[3] 马云龙.采空区稳定性分析及影响因子研究[D].长沙:中南大学,2012.

[4] SINGH G S P,SINGH U K. Assessment of goaf characteristics and compaction in long wall caving [J]. Mining Technology,2011,4(120):222-232.

[5] SERYAKOV V M. Calculation of stress-strain state for an over-goaf rock mass [J]. Journal of Mining Science,2009,45(5):420-426.

[6] 潘林有,谢新宇.用曲线拟合的方法预测软土地基沉降[J].岩土力学,2004,25(7):1053-1058.

[7] 吴侃,葛家新,王铃丁.开采沉陷预计一体化方法[M].徐州:中国矿业大学出版社,1988.

[8] 何国清,杨伦,凌赓娣.矿山开采沉陷学[M].徐州:中国矿业大学出版社,1994.

[9] 郭广礼.老采空区上方建筑地基变形机理及其控制[M].徐州:中国矿业大学出版社,2001.

[10] ERBAN P J,GELL K. Consideration of the interaction between dam and bedrock in a coupled mechanic-hydraulic FE-program [J]. Rock Mechanics and Rock Engineering,1988,21(2):99-117.

[11] WITHERSPOON P A,WANG J S Y,IAWI K,et al. Validity of cubic law for fluid flow in a deformable rock fracture[J]. Water Resources Research,1980(1):1016-1024.

[12] 谢和平,周宏伟,王金安.FLAC 在煤矿开采沉陷预测中的应用及比较分析[J].岩石力学与工程学报,1999,18(4):397-401.

[13] 朱建明,徐秉业,朱峰,等.FLAC 有限差分程序及其在矿山工程中的应用[J].中国矿业,2000,9(4):78-82.

[14] MARTI J,CUNDALL P. Mixed discretization procedure for accurate modelling of plastic collapse [J]. Internation Journal for Numerical and Analytical Methods in Geomechanics,1982,6(1):129-139.

[15] CUNDALL P A. Adaptive density-scaling for time-explicit calculations[C]//Proceedings of the 4th International Conference on Numerical Methods in Geomechanics. Canada Edmonton,1982.

[16] 王树仁,张海清,慎乃齐.下伏采空区桥隧工程变形及受力响应特征分析[J].岩石力学与工程学报,2009,28(6):1144-1151.

[17] 贾明涛,吴霞.基于 CMS 及 DIMINE-FLAC3D 耦合技术的采空区稳定性分析与评价[J].矿业工程研究,2010,25(1):31-35.

[18] 黄永强.高速公路路基沉降及路面动力特性研究[D].长沙:中南大学,2010.

[19] 岳爱军,郑健龙,吕松涛.采空区路基路面力学响应分析[J].长安大学学报,2014,34(6):58-63.

[20] 韩庆哲.采空区路基路面变形规律的研究[J].道路工程,2014,9:32-35.

[21] 刘科伟,李夕兵.基于 CALS 及 Surpac-FLAC3D 耦合技术的复杂空区稳定性分析[J].岩石力学与工程学报,2008,27(9):1924-1931.

[22] 韩中阳.地下储气条件下煤矿采空区顶板岩系蠕变特性与试验模型研究[D].郑州:郑州大学,2015.

[23] 童立元,邱钰,刘松玉,等.高速公路下伏采空区问题国内外研究现状及进展[J].岩石力学与工程学报,2004,23(7):1198-1202.

[24] 余鹏,张瑞. 软土路基 Burger 蠕变模型分析[J]. 中国水运,2007,5(10):113-114.

[25] SHEN M R,ZHU G Q. Testing study on creep characteristic of regularly dentate discountinuity [J]. Chinese Journal of Rock Mechanics and Engineering,2004,23(2):223-226.

[26] ZHANG X C. Time-denpendency of neutral surface feature of mid-thick soft rock plate under static load bending[J]. Chinese Journal of Rock Mechanics and Engineering,2004,23(9):1424-1427.

[27] 袁海平,曹平,许万忠,等. 岩石粘弹塑性本构关系及改进的 Burgers 蠕变模型[J]. 岩土工程学报, 2006,28(6):796-799.

[28] NAPIER J A L,MALAN D F. A viscoplastic discontinuum model of time-dependent fracture and seismicity effects in brittle rock[J]. International Journal of Rock Mechanics and Mining Sciences, 1997,34(7):1075-1089.

[29] FAKHIMI A A,FAIRHURST C. A model for the time-dependent behavior of rock[J]. International Journal of Rock Mechanics and Mining Sciences & Geomechanics Abstracts,1994,31(2):117-126.

[30] 中华人民共和国交通部. 采空区公路设计与施工技术细则(JTG-T-D31—2011)[S]. 2011.

[31] 胡驰. 高速公路下伏采空区稳定性评价与路基变形预测系统的研发[D]. 北京:中国地质大学(北京),2012.

[32] 张振武,徐晓宇,王桂尧. 基于实测沉降资料的路基沉降预测模型比较研究[J]. 中外公路,2005, (4):26-29.

[33] 秦亚琼. 基于实测数据的路基沉降预测方法研究及工程应用[D]. 长沙:中南大学,2008.

[34] ASAOKA A. Observational procedure of settlement prediction[J]. Soils and Foundations,1978, 18(4):87-101.

[35] 李国维,杨涛,宋江波. 公路软基沉降双曲线预测法的进一步探讨[J]. 公路交通科技,2003(1): 18-20.

[36] KIM J,BUTTLAR W G. Analysis of reflective crack control system involving reinforcing grid over base-isolating interlayer mixture[J]. Journal of Transportation Engineering,2002,128(4):364-375.

[37] 陈善雄,王星运,许锡昌. 路基沉降预测的三点修正指数曲线法[J]. 岩土力学,2011,32(11): 3355-3360.

[38] 韩煊,李宁,STANDIN J R. Peck 公式在我国隧道施工地面变形预测中的适用性分析[J]. 岩土力学,2007,28(1):23-28.

[39] 王金明. 地铁隧道施工引起的地表沉降及变形研究[D]. 长沙:中南大学,2009.

[40] PECK R B. Deep Excavations and Tunnelling in Soft Ground[C]//Proceeding of the 7th International Conference on Soil Mechanics and Foundation Engineering. State of the Art Volume,Mexico City, 1969:225-290.

[41] ATTEWELL P B,YEATES J,SELBY A R. Soil Movements Induced by Tunnelling and Their Effects on Pipe-Lines and Structures[M]. London:Blackie and Son,1986.

[42] RANKIN W J. Ground movement resulting from urban tunnelling:Predictions and effects[J]. Geological Society London Engineering Geology Special Publications,1988,5(1):79-92.

[43] 柳厚祥. 地铁隧道盾构施工诱发地层移动机理分析与控制研究[D]. 西安:西安理工大学,2008.

[44] 张长敏,董贤哲,祁丽华,等. 采空区地面塌陷危险性两级模糊综合评判[J]. 地球与环境,2005, 33(s1):99-103.

[45] 贺冠军. 交通荷载对低路堤下软土地基沉降影响的室内试验与研究[D]. 南京:河海大学,2005.

[46] 李志勇. 公路路基动强度设计方法及其在全风化花岗岩路基中的应用研究[D]. 成都:西南交通大学,2005.

[47] 孙璐,邓学钧. 移动的线源平稳随机荷载激励下梁的随机响应[J]. 力学学报,1997(3):110-113.

[48] 高国立. 重载交通沥青路面动力响应分析[D]. 天津:河北工业大学,2015.

第 4 章

基于相互作用的采空区综合处治技术

采空区作为不良的地质状况，对区域内基础设施和建筑物的修筑及运营状况影响巨大，导致较为恶劣的社会效应和大量的经济损失，在一定的条件下，开展下伏采空区的综合治理技术研究势在必行。本书依托跨越采空区的省道施工工程，通过不断的探索和总结，形成了以注浆充填和强夯路基为主的公路下伏采空区的治理方案。该技术方案费用低、工期短，且施工安全性较高，有着良好的社会经济效益。

不论是采用注浆法还是强夯法，或将两者结合，都必须建立在采空区位置明确的基础上，才能够准确、有效地进行采空区治理，保证工程质量。本书根据第 2 章无损探测技术的研究，采用散射地震波法或高密度电阻率法快速勘测采空区的准确位置，确定采空区的大小、深度和范围，制定有针对性的注浆加固方案或强夯方案。当采空影响区得到综合治理之后，再进行二次勘探，确保治理位置与采空区的分布相一致。这种治理方案不仅能保障施工安全，而且大大降低了施工成本，减免了后期路面塌陷的修复工作，既经济又实用。

本书根据采空区的探测结果，考虑采空区形状与倾斜角、深度、采面采高和是否连续分布四个主要因素对采空区进行分类[1]，采用注浆法和强夯法分类给出治理技术与相应施工工序。

4.1　采空区的探测与分类

4.1.1　采空区的探测

高密度电阻率法与浅层地震波探测设备的有效探测深度为地表下 200 m 以内,可通过波形数据图先确定采空区的大致分布区,再由煤矿开采形式和巷道分布情况,得出采空区与路床的相对位置[2]。

散射地震波探测采空区位置的方法如下所示。

(1)荷载设置:重锤式震源,施加荷载设置为 20 kg。

(2)测点布置:测点沿道路两侧土基平行布置,探测设备为直接插入土基的锥形金属头,用来接收地震波信号。一般测点间距 3 m,测点数量 15~20 个。若为高填方路基,需在边坡下方布设测点。测点布置示意图如图 4.1 所示,检测设备如图 4.2 所示。

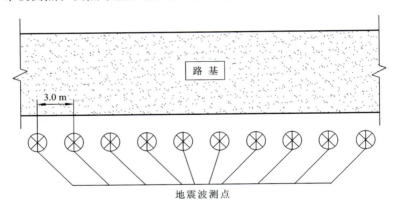

图 4.1　地震波测点布置示意图

　　(a)地震波设备　　　　　　　　　　　　(b)地震波测点布置

图 4.2　地震波现场探测示意图

以依托工程为例,采用散射地震波进行探测作业,并得到数据采集图。两个典型断面的地震波数据图如图 4.3 和图 4.4 所示。

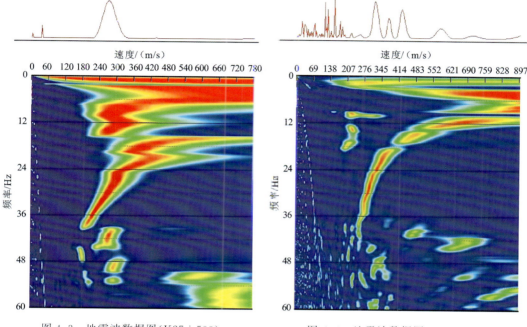

图 4.3　地震波数据图(K27+500)　　　　　　图 4.4　地震波数据图(K27+900)

从图 4.3 中可以看出:在 K27+500 处,频散谱在 15 Hz 左右出现错段。分析结果表明,在地表下 50 m 存在采空区。图 4.4 显示 K27+900 处的频散谱在 20 Hz 左右出现"之"字形异常,同理,在地表下 52 m 也存在采空区。

高密度电阻率法是一种测点密集的电法[3],高密度电阻率法测点与地震波测点布设方式类似,位置间距与地震波测点相同,但是高密度电阻率法测点的布设长度要大于地震波测点。探测时,应根据具体地形布设,测点分布越长越好,一般为 200~300 m。

高密度电阻率法探测图和数据采集图如图 4.5 和图 4.6 所示。

(a) 高密度电阻率法设备　　　　　　　(b) 高密度电阻率法测点布置

图 4.5　高密度电阻率法检测示意图

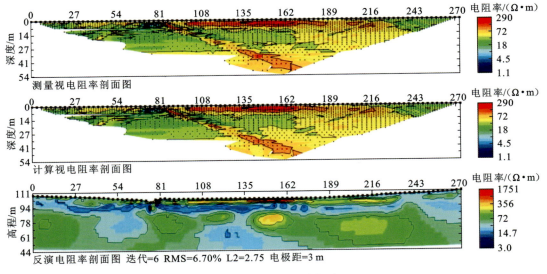

图 4.6　高密度电阻率法数据采集图(K28+500)

在 K28+500 附近使用高密度电阻率法探测设备进行作业并得到数据采集图。在图 4.6 中,在水平 40~70 m 处,地表下 50~84 m 深处有大面积低阻区;在水平 108~162 m 处,地下 40~80 m 深处有大面积低阻区,根据现场情况,推断是采空区所在位置。

4.1.2　下伏采空区的分类

采空区是矿产开采过后所留下的空洞区。根据探测结果,依据采空区形状与倾斜角、深度、采面采高和是否连续分布四个主要因素对采空区进行分类,考虑到最不利的采空区与路基的相对位置,下伏采空区分类如下所述。

(1) 采空区位于路床正下方,连续横穿整个路基宽度,为平缓的倾斜状,如图 4.7 所示。

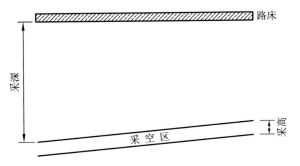

图 4.7　平缓均匀分布的采空区示意图

（2）采空区位于路床正下方，未穿越整个路基宽度或不连续，为平缓的倾斜状，如图 4.8 所示。

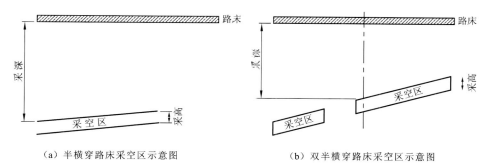

（a）半横穿路床采空区示意图　　　　　　（b）双半横穿路床采空区示意图

图 4.8　平缓非连续分布的采空区示意图

（3）采空区位于路床正下方，连续横穿整个路基宽度，为较陡倾斜状，如图 4.9 所示。

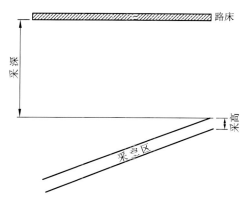

图 4.9　陡斜状采空区示意图

（4）采空区位于路床正下方，未穿越整个路基宽度或不连续，如图 4.10 所示。

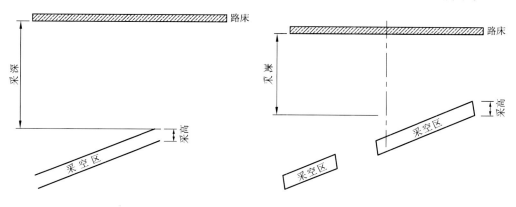

（a）零星不均匀分布急斜层示意图　　　　　　（b）不均匀分布急斜层示意图

图 4.10　陡斜状不均匀分布采空区示意图

（5）采空区位于路床正下方均匀分布，为褶皱状，如图 4.11 所示。

（6）采空区在路面正下方均匀分布，采高不均匀，如图 4.12 所示。

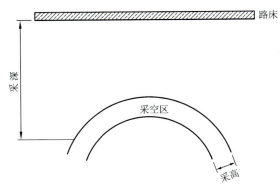
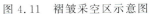

图 4.11　褶皱采空区示意图

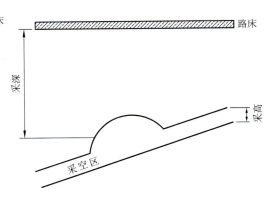

图 4.12　采高不均匀的采空区示意图

4.2　强　夯　法

　　强夯法适用于埋深较小的采空区治理，图 4.13 是强夯法施工现场。

　　对于埋深较小的采空区，可以从地表直接开挖，一直挖至采空区，然后分层回填夯实。此方法工艺简单，操作方便，施工质量易于检查和控制。高能量强夯法可处理采空区上方松散地基，当采空区埋深较浅，而上方为松散地基且厚度较大时，可采用高能量强夯法处理松散破碎岩体，提高松散破碎岩体的地基承载力。

（a）强夯机　　　　　　　　　　　　　　　　（b）施工

图 4.13　强夯法施工现场

4.2.1　强夯法原理

　　强夯法是用起重设备将大吨位夯锤反复起吊到 6～40 m 的高度后自由下落，产生很强的冲击作用,使得地表土层发生一系列物理力学变化的一种地基加固方法。

土体是由固体颗粒、空气和水组成的三相体,夯锤作用于土体时,会产生如下作用[4]。

(1)动力密实。土体受到夯锤反复冲击作用而被挤密。

(2)动力固结。土体受到夯锤反复冲击作用局部液化,土体中的水从裂缝中排出而发生固结。

(3)动力置换。可分为整体置换和桩式置换。整体置换采用夯锤将碎石整体强夯挤入土体中,桩式置换通过夯锤将碎石强夯填入土体中,部分碎石墩间隔地夯入土体内形成桩式(墩式)的碎石桩(墩)。因此,强夯法处理好的地基,其强度、刚度及整体稳定性得到大幅提高,路基的承载能力和耐久性也得到增强。

4.2.2　强夯法施工流程

强夯法治理采空区路基的工艺流程如图 4.14 所示。

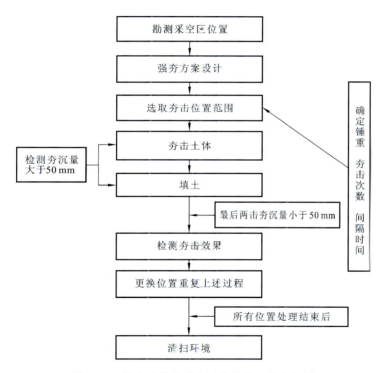

图 4.14　强夯法治理采空区路基的工艺流程图

4.2.3　采空区位置确定

利用散射地震波法或高密度电阻率法对路面有明显沉降或采空区可能存在的区域进行勘测,对所处岩层进行分段评价,确定采空区具体位置。

4.2.4　强夯方案设计

强夯法加固有效深度经验公式为

$$h_e = D \times \sqrt{M \cdot H} \tag{4.1}$$

式中：M 为锤重（t）；H 为落距（锤底至起夯面距离）（m）；D 为参数。

一般强夯法使用的夯锤质量为 8～40 t，升起高度为 6～40 m，其中参数 D 受土质和渗透率等因素的影响，一般为 0.65，由经验公式可得其夯击的有效加固深度为 5～30 m。

对于下方有空洞或者地基产生不均匀沉降的位置，夯击点应集中在沉降区域，并设计较多的夯击次数，夯击过后还应在其周围相邻区域同样夯击，使周围土体不至于过度隆起，强夯法的夯击点布置一般如图 4.15～图 4.17 所示。其中，夯击半径 1 m，孔间距 1 m。根据探测的采空区位置、形状及范围确定夯击形式，若为圆形，夯击点布置成梅花状或三角状，若为矩形，夯击点布置成矩形。

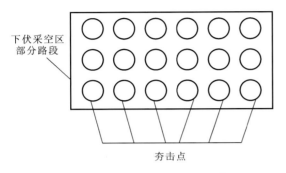

图 4.15　强夯法夯击点矩形布置

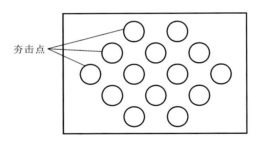

图 4.16　强夯法夯击点梅花状布置

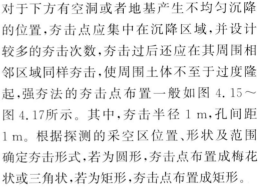

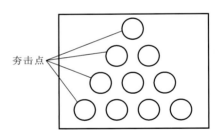

图 4.17　强夯法夯击点三角状布置

4.2.5　施工要点

施工机械进入场地前，先用推土机平整场地。地表有饱和细粒土时，在表面铺设 1～2 m 的砂石，可作为承受强夯机械的持力层，减少冲击波造成的上部土层的松动。明确标出夯点的位置，并测量地面高程和夯前锤顶高程。

根据土质情况，每个布点位置需要 3～5 次夯击，要求最后一击下沉量必须小于 50 mm[5]，其中饱和软土需要小于 30 mm，软弱土需要小于 10 mm。若下沉量未达要求，则填土后再次夯击，直至达到标准要求。在每次夯击后，适当地进行填土压实，准备下次夯击。其中，锤重由实际工程中采空区的具体深度确定，在工程应用中，要结合注浆法进行综合处理。

夯击前选择有代表性的路段进行试夯，检查锤重和落距，确定最佳夯击能、间歇时间和夯击间距等参数,夯击次数可由沉降关系曲线获得。夯击过程中应记录每个夯点的沉降量,且注意记录完整,垫层材料选择透水性好的材料。最后一次夯击后,将场地压实平整至设计高程。

4.3　注　浆　法

4.3.1　注浆处理方法

对于埋深较大的采空区,主要采用注浆充填法、覆岩结构加固补强法、灌注桩法或者综合治理方法等措施[6-8]。

1. 注浆充填法

注浆技术是一项实用性强、应用广泛的工程技术[9]。具体做法是在地面钻孔至老采空区,采用液压、气压或电化学方法,将采空区局部空洞和覆岩裂隙用由水泥、粉煤灰、砂子等混合而成的浆液全部充填与加固,使整个采空区恢复到近似原始岩体的状态,彻底消除采动破碎岩体的移动变形空间。为避免浆液流至路基控制边界以外,需要在路基以外的控制边界处钻孔灌浆至采空区浆液固结,以封堵住采空区两端。

2. 覆岩结构加固补强法

采用注浆加固技术对上覆岩层结构进行结构补强,增强覆岩结构的长期稳定性。其具体做法是从地面钻孔,然后压力灌浆,将浆液渗入岩层裂隙并胶结,最终使破碎岩体形成强度高、刚度大、类似于"大板结构"的完整岩体,达到类似于跨越的目的,避免地表塌陷的发生。这种方法具有工程量小、费用低和岩体结构稳定效果好等显著特点,实践表明其效果良好。

3. 灌注桩法

在采空区上方地表布置大直径的钻孔,注入填料和浆液,用浆液固结填料与破碎岩体,在岩层中形成灌注柱,承受上方交通荷载。

4. 综合治理方法

根据实际工程情况,结合以上两种或两种以上的方法处理采空区。

注浆充填法优点突出,可充满整个或部分采空区与裂隙,使之形成坚固的整体,加固后整个采空区接近原始状态,道路路基能够满足技术要求,而且施工受天气影响小。因此,注浆充填法在采空区的处理中被广泛采用。

4.3.2　注浆材料的选择

注浆材料的发展具有悠久的历史,早期大都以水泥为主要注浆材料,19 世纪后期,注浆材料从水泥浆材发展到以水玻璃类浆材为主的化学浆材[10]。因此,注浆材料可以分为水泥类浆材和化学类浆材两大类。工程上常用的注浆充填方法根据注浆材料的不同又简略归纳为如下几种。

1. 普通水泥砂浆注浆充填法

以水泥及细砂石为注浆原料。优点是固化能力强,固结强度高;缺点是初凝时间较长,流失量大,填充空间不好控制。另外,由于加入了一定量的水泥,治理费用也较高。

2. 高水速凝材料注浆充填法

以高水速凝材料代替普通水泥。高水速凝材料[11-12]是英国最早研制成功的新型水硬性凝胶材料,主要成分是硫铝酸盐,具有结石体含水率高、用料少、可灌性能好、凝固快和强度高等优点。此法的优点是凝固时间短,在浇注后十几分钟便开始凝固,从而避免流失;同时也不需要充填采空区的大量空间,只在基础桩下方构成坚固的承载柱,即可满足加固的要求。其缺点是原料费用较高,高水速凝材料的单价约是水泥的 2 倍。

3. 化学注浆材料注浆充填法

其主要材料有酸性水玻璃浆材[13]、丙烯酸盐浆材、高强木素浆材和水下快速固化的 PBM 混凝土等。这些方法在许多方面具有优越的性能,但其材料成本高,并具有一定的毒性,对地下水会产生污染。

4. 黏土固化注浆充填法

该技术以能固化的黏土浆液(以水、黏土、水泥及结构剂等组成的具有特殊堵漏效果的浆液)为主要注浆材料。它的优点包括吸水性强、抗水稀释性能好、良好的流变性、良好的抗震性、结石体强度能达 0.1～2 MPa、固化浆液初凝时间可调、终凝时间较长、黏土矿物成分具有良好的化学性能、成本低等。

4.3.3　注浆充填工艺流程

注浆充填工艺流程如图 4.18 所示。

4.3.4　注浆方案设计

根据采空区具体情况选择合理的注浆方案。针对采空区造成的不稳定,采用渗透注

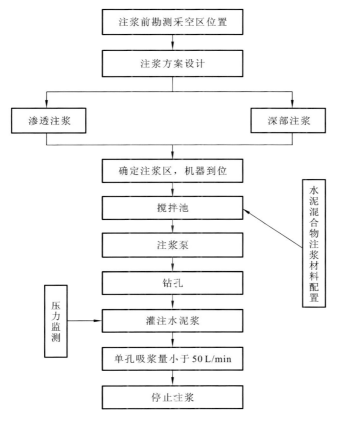

图 4.18 注浆充填工艺流程图

浆技术或深部注浆技术[14]。对于注浆加固地基,从土基表面安置注浆管,以渗透注浆技术或者劈裂注浆技术以挤压周围土体,增加土体压力从而加速沉降。

1. 渗透注浆

根据采空区的位置,确定需要加固的地层范围,将施工现场附近的土体由皮带运送到制浆机中进行搅拌,并把配好的水泥浆材料一同加入储浆池中,加水使浆液达到固定比重,由注浆泵从储浆池中抽取浆液注入钻孔。钻孔的位置由采空区位置形状而定,注浆孔沿纵向边缘均匀分布,注浆孔距离区域边缘 0.3 m,孔间距 1.2～1.5 m。

对沉降地基,布孔注浆,将沉降的地基加固,并实现对周围软弱土层的有效加固。注浆时,实施监控注浆过程,沉陷量较大的区域采用多次注浆加固方法。每次注浆量控制在一定数量之内,如图 4.19 所示。

2. 深部注浆

对于路基深部病害,需要采用深部注浆技术,即根据无损检测确定的下伏采空区病害

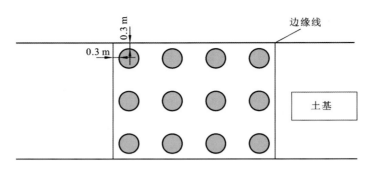

图 4.19　区域注浆孔布置示意图

位置,钻孔至病害位置深度进行注浆。布孔情况依据特定地质条件而定,如图 4.20 所示。

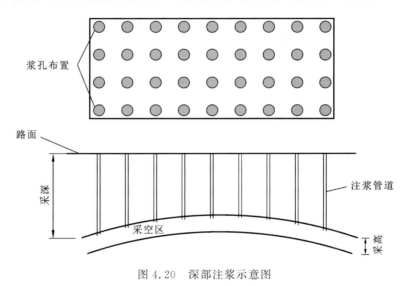

图 4.20　深部注浆示意图

4.3.5　钻孔

按照设计的钻孔深度,利用冲击钻在标注的注浆孔位置钻孔至设计深度。要求钻孔垂直,孔位误差不大于 0.05 m,钻孔深度不能小于设计深度。

4.3.6　注浆技术条件要求

单孔注浆段结束标准为:吸浆量小于 50 L/min;受注点的注浆终压不小于受注点静水压力的 2 倍,稳压时间不小于 20 min[15]。各个注浆段都要达到此要求。

4.3.7　注浆操作

（1）注前压水。注前压水检查动力系统、机械系统和管道系统是否存在问题。同时冲刷注层段空隙，使钻孔达到的注层具有一定的吸水量，便于进行注浆。压水量为钻孔体积的 2 倍。

（2）造浆。将特定比例的水泥、水、土等原材料放入搅拌池进行浆液配置。要求搅拌浆液材料使其不发生沉淀，定期监测比重变化情况，控制特定比重，按照先稀后稠的原则控制。

（3）注浆。当浆液符合要求后进行注浆，其间一定要定期看管、维护好注浆泵设备，观察泵压、泵头的活动及上水情况。

（4）结束后压水。注浆结束后再次进行压水，冲刷管路空隙，压水量不宜过大，与钻孔体积相当即可。压水后释放孔口压力，停泵；泵完全停止后拆除管路，结束注浆。

4.3.8　注浆充填参数的确定

注浆参数是决定注浆效果最重要的因素之一，注浆参数的确定是注浆技术与注浆效果研究的一个主要方向。

1. 注浆压力

注浆压力是浆液在地层中扩散的动力，它直接影响注浆的加固效果，其受地层条件和注浆材料等因素的影响与制约。确定注浆压力的大小应视具体工程而定，一般情况下，化学注浆比水泥注浆的压力小，浅部注浆比深部注浆的压力小。通常为增强注浆充填效果，注浆压力应不小于某一数值。根据石油工业水力压裂的实验，注浆终压不得低于 P_z。

$$P_z = (0.015 \sim 0.025)H_0 \tag{4.2}$$

式中：P_z 为注浆充填终压（MPa）；H_0 为平均开采深度（m）。

2. 扩散半径或有效扩散距离

扩散半径或有效扩散距离同孔洞裂隙的大小、注浆压力和注入时间呈正相关，同浆液浓度与黏度呈负相关。扩散半径或有效扩散距离可用理论公式结合工程实践进行粗略估算，但由于其涉及因素过多，实际上一般采用工程试验确定。

3. 注浆充填总量

对于塌陷的采空区，其注浆充填量的计算一般按以下步骤进行。

（1）计算采出后的空区体积

$$V_L = L_z L_Q (M - M_{ch}) \tag{4.3}$$

式中：V_L 为开采后留下的空区体积（m³）；L_z 为采空区走向长度（m）；L_Q 为采空区倾斜长度（m）；M 为实际开采高度（m）；M_{ch} 为充填法开采时充填体被压实后的高度（m）。

（2）预计地表下沉盆地的体积 V_D。

（3）计算注浆充填总量

$$Q_Z = K(V_L - V_D) \tag{4.4}$$

式中：Q_Z 为注浆充填总量（m³）；K 为充填系数，一般取 $0.7\sim1.0$。

而对于顶板稳定的采空区，其注浆总量用采空区的总体积进行计算。

4.4 综合治理

现选取几类比较典型的采空区分布情况，结合注浆法治理和强夯法治理的工作流程，给出每种采空区分布情况的治理方案。

（1）对于平缓倾斜采空区、有褶皱的采空区，采高 $2\sim4$ m，如图 4.7 和图 4.11 所示。由于其为平缓采空区范围，造成路基沉降应为均匀沉降，处理措施为强夯法，加速土基均匀沉降，选择 20 t 的重锤，其中夯击点布设应为路基表面整体范围，如图 4.21 所示。

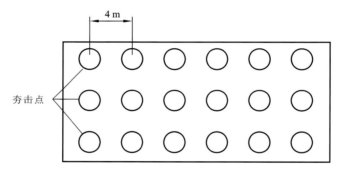

图 4.21 夯击点分布示意图

（2）对于埋藏更深的平缓倾斜采空区、有褶皱的采空区，采高 $2\sim4$ m。由于其所处位置较深，加上平缓的采向分布，沉降时间较长，处理措施为路基表面整体渗透注浆，强夯加速沉降。先进行注浆加固，加大土体密实度，然后实施夯击，整体加速固结沉降[16]，如图 4.22 所示。

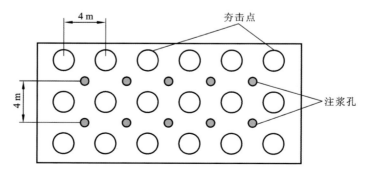

图 4.22 综合治理图

（3）对于不均匀分布倾斜采空区、采高不均的采空区,根据实际情况治理。对于图 4.8的情况,应进行单一的注浆处理,由于强夯法会影响到周边稳定的土体,所以使用注浆法针对空洞或者不密实地带直接进行注浆加固是最理想的方式;对于图 4.12 采空区高度不均的情况,应加大最高区域的注浆量及夯击次数,如图 4.23 所示。

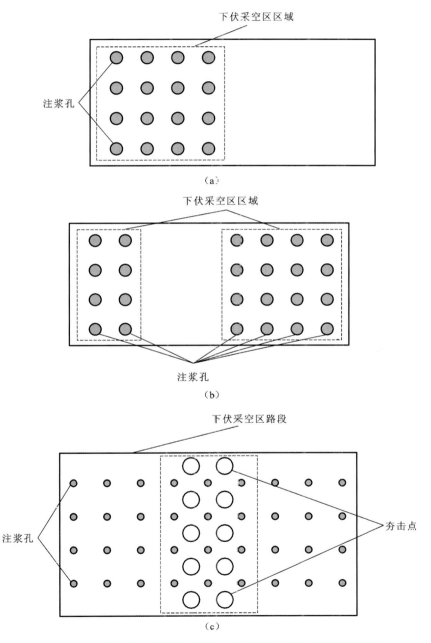

图 4.23　不均匀分布倾斜状或采高不均的采空区综合治理示意图

（4）对于陡斜采空区、陡斜不均匀的采空区的治理。如图 4.10 所示的此类采空区最容易产生不稳定的严重病害，尤其是埋深较浅的采空区，由于采矿的走向分布呈现急斜，开采过后易造成顶板内力整体向斜下方偏移，应结合注浆法与强夯法进行综合治理。对于上方土体的最薄弱处，必要的情况下还需进行长时间的监测[17]。对于深度更深的情况也应结合注浆法与强夯法同时治理，如图 4.24 所示。

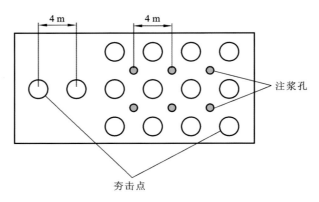

图 4.24　夯击点与注浆孔相间分布示意图

由图 4.24 可以看出，其右侧的注浆区域与强夯区域明显要多于左侧，为保证采空区上部岩层的稳定性，加速其右侧沉降非常必要[18]。

由于水泥浆的注浆针对性强，不破坏原有路面，因此与开挖换填方案相比，可以节省直接维修经费[19]。注浆法施工快捷，节省工期，可以避免对交通的干扰，降低道路使用者的时间成本，减少交通事故损失，社会综合效益十分显著，并且注浆技术还避免了开挖维修所造成的环境污染。

强夯法加速了土体固结，使下伏采空区空洞和松软地带快速挤压，地层在短时间内达到稳定的状态，减少了后期不均匀沉降，能节省维修费用。

参 考 文 献

[1] 袁海平,曹平,许万忠,等.岩石粘弹塑性本构关系及改进的 Burgers 蠕变模型[J].岩土工程学报, 2006,28(6):796-799.

[2] ZHANG X C. Time-denpendency of neutral surface feature of mid-thick soft rock plate under static load bending[J]. Chinese Journal of Rock Mechanics and Engineering,2004,23(9):1424-1427.

[3] 陈沅江.岩石流变的本构模型及其智能辨识研究[D].长沙:中南大学,2003.

[4] 胡玉定,王燕.强夯法适用范围的研究[J].施工技术(S1),2009:223-225.

[5] 中华人民共和国交通部.采空区公路设计与施工技术细则(JTG-T-D31—2011)[S],2011.

[6] 郭广礼,邓喀中,汪汉玉,等.采空区上方地基失稳机理和处理措施研究[J].矿山压力与顶板管理, 2000(3):39-42.

[7] 刘维民,李端锋,王桂尧,等. 论采空区对高速公路的影响及处理措施[J]. 公路与汽运,2002(5): 20-22.

[8] 卿笃干. 煤矿采空区、溶洞对公路变形的影响及其防治[J]. 湖南城建高等专科学校学报,1999,8(3): 31-34.

[9] 邝健政,月稳,王杰,等. 岩土注浆理论与工程实例[M]. 北京:科学出版社,2001.

[10] CLARK C A,NEWSON S R. Review of monolithic pumped packing systems[J]. The Mining Engineer,1985,144(282):491-495.

[11] MATUSINOVIE T,VRBOS N. Alkali Metal As Set Accelerators For High Alurnina Cement[J]. Cement and Concrete Research,1993,23:177-186.

[12] GEBLER S H,LITVIN A,MCLEAN W J,et al. Durability of dry-mix shotcrete containing rapid-set accelerators[J]. Aci Materials Journal,1992:259-262.

[13] 王迎宾,董文凯,董文峰. 酸性水玻璃浆材的研究及应用[J]. 长江科学院院报,2000(6):32-34.

[14] 郭建平. 注浆技术简介及其发展[J]. 山西交通科技,2003(S1):86-88.

[15] NAPIER J A L,MALAN D F A. A viscoplastic discontinuum model of time-dependent fracture and seismicity effects in brittle rock[J]. International Journal of Rock Mechanics and Mining Sciences,1997,34(7):1075-1089.

[16] 李国维,杨涛,宋江波. 公路软基沉降双曲线预测去的进一步探讨[J]. 公路交通科技,2003,20(3): 18-20.

[17] KIM J,BUTLAR W G. Analysis of reflective crack control system involving reinforcing grid over base-isolating interlayer mixture[J]. Journal of Transportation Engineering,2002,128(4):364-375.

[18] 陈善雄,王星运,许锡昌. 路基沉降预测的三点修正指数曲线法[J]. 岩土力学,2011,32(11): 3355-3360.

[19] 韩煊,李宁,STANDING J R. Peck 公式在我国隧道施工地面变形预测中的适用性分析[J]. 岩土力学,2007,28(1):23-28.

第 5 章

基于协同作用的采空区道路修筑技术

在下伏采空区公路的修建与运营中，高填方路段往往因采空区塌陷而出现路基不均匀沉降，局部发生较大变形，进而导致路面开裂、塌陷等破坏现象，而在挖方路段也会因采空区的不均匀沉陷发生变形。这些问题都会影响公路的正常运营，甚至对行车安全造成极大威胁，大大地增加了公路的养护成本。

绝大多数采空区的变形不均匀，而且幅度较大，处于动态的发展过程。目前针对采空区公路的沉降，一般采取注浆充填法，但此法往往工程量大、费用高，没有在根本上改变公路的结构，且路基在采空区的应力重分布和徐变累积下仍可能会出现不均匀沉降。对于低等级公路，深层注浆处理所需的资金甚至会超过公路自身的建设成本，一般不推荐采用；对于高等级公路，工程实践表明，单一的注浆法处理后，采空区仍会出现影响道路使用功能的工后沉降。因此，分析采空区路基变形规律，采用合理准确的预测方法，研究出更能适应采空区不均匀沉降的路面结构具有深远的社会效益。

5.1　国内外研究进展

5.1.1　开采沉陷预测理论

　　矿区内部开采后,原矿体周围岩土体初始应力得到释放,打破了原岩应力的平衡状态,为达到新的应力平衡状态,它们之间的应力会重新分布,在此过程中,岩层出现连续和非连续的位移,地表也随之产生相应的沉降破坏,这种现象称为"开采沉陷"[1]。矿体一般都埋藏较深,最初开采时,往往在一个较小的范围,此时的开采沉陷仅在开采区域周边的小范围内出现;但是,当矿体进一步开采,范围急速扩大后,内部岩层开始出现位移,逐步累积,最终可能发展至地表,甚至会出现地表沉陷等现象。因此,采空区对地面的交通设施、建筑物等生产生活区域存在一定的潜在威胁,影响周边居民的生活,甚至危及生命安全。准确预测采空区沉陷是在采空区上修建公路、铁路等基础设施的重要前提,近年来国内外学者就此问题进行了大量的调查研究,提出了基于实测资料的经验法、影响因素函数法、有限元理论模拟分析法等预测方法。

　　根据预估方式不同,开采沉陷的预测方法一般分为解析法、图解法和数值模拟法。开采沉陷的预测方法根据采用的函数不同,可分为剖面函数法和影响函数法[1]。20世纪50年代,波兰学者李特威尼申[2]深入研究了基于随机介质理论的岩层移动;我国学者刘宝深等[3]提出了发展的概率积分方法,此方法在国内得到了推广应用;余学义等[4-5]在预计地表静态位移的变形公式中引入了Sulstowicz A假说,并基于此编制出了一套预测位移的程序,此外,他还在不同矿井的开采影响程度和范围的反演模拟中,应用了动态模拟预测理论;肖波等[6]与麻凤海等[7]根据神经网络和遗传算法的诸多优点,建立了采动地表沉陷的神经网络预测模型,在对开采引起地表变形的研究中,应用有限单元法和离散单元法等数值分析方法;张荣亮等[8]在开采倾斜煤层引起的岩层移动、应力分布和地表沉降的研究中采用了大型的有限元分析软件,得到了不错的效果,此外,另有众多研究者采用有限元软件分析了采空区的开采沉陷问题,为该类问题的解决和突破提供了新的方案[9-12]。

5.1.2　采空区与公路相互作用机理

　　采空区上方修建的公路,经常会因为采空区的沉陷而出现许多破坏,影响到公路的结构安全;同时,在行车动荷载、公路自重作用和地下水冲刷等因素的共同作用下,采空区有可能出现活化,甚至失稳的现象,造成其上覆岩体更大范围、更深程度的塌陷。因此,对公路与采空区之间相互作用的深入研究,具有十分重大的理论意义和现实意义。栾元重等[13]对现采区公路与采矿的相互影响进行了针对性研究,分析了该状态下公路的受力状态,并计算其稳定性,根据计算结果提出了相应的公路损害评价指标;汤伏全[14]针对石太高速公路的阳泉矿采空区路段,深入分析了地下开采引起的高速公路变形情况,提出了新的工程应对方案;太原—古交二级公路是典型的修建在老采空区上的高速公路,在此工程中,李满囤[15]计算分析了其稳定性;周伟义等[16]根据岩溶和采空区的地质特点,提出了此类地区路基稳定性的评价方法;张广伟等[17]经过对老采空区修建高速公路的研究,提出了新的路基稳定性评价标准,该标准综合考虑了地基荷载的传递深度、矿体开采引起的导水裂缝带高度发育等诸多因素,并进一步提出了此评价标准相对应的治理方案,可为实际工程提供参考;祁丽华[18]采用概率积分法和数值模拟法分别对 108 国道北京市西郊宝水段的稳定性进行评价分析,综合对比分析两者的结果,提出了针对性的修护建议。

5.1.3　采空区地基治理与公路抗变形结构

目前常用的采空区地基处理方法主要包括注浆加固、全区域填充支撑上覆岩层、局部填充支撑上覆岩层、采空区围岩结构支撑强化、提前释放老采空区沉降潜力等。童立元等[19]对采空区上方高速公路的修建进行了多年的跟踪研究,对京福高速徐州东绕城采空区段采用注浆填充方法进行了治理,取得了很好的效果;徐晓东[20]在沿江高速公路芜铜段采空区工程中,进行了一定的处理分析;张志沛[21]采用特殊的注浆和灌注施工工法处置了石太高速公路冶西联营煤矿采空区段;魏国安[22]对采空区注浆加固中的注浆压力、施工工艺和浆液外加剂等方面的问题进行了深入的分析,并在乌奎高速公路的采空区段治理中得到了应用。

对于较浅的采空区适合采用地基加固的方案;当采空区采深较大时,施工技术难度太大,成本也相应较高,因此在深层采空区设计与地表变形相适应的路基路面结构是十分必要的[23]。为达到抵抗和消除下部采空区传导变形的目的,设计中可采用柔性措施、刚性措施或者刚柔结合措施。李满囤对太古高速公路采空区采用了土工格室搭板法的治理方案[15],效果十分显著。赵明华等[24]通过对岩溶及采空区路基的分析,提出了连续配筋混凝土面板的处理方案,并介绍了相关的设计理论和使用方法,在之后的高速公路采空区处理中取得了较好的效果。

5.1.4　级配碎石过渡路面结构

1. 国外研究进展

无结合料的粒料基层在国外是一种非常普遍的结构形式,对级配碎石材料性质的研究比较多;但优质的级配碎石主要设置为基层或底基层,将其作为半刚性基层与沥青面层之间的中间层并不多见;美国、澳大利亚及南非将级配碎石层作为减小沥青面层的反射裂缝层,且效果良好。国外路面结构设计方法与设计对象多为级配碎石基层和底基层,级配碎石层作为过渡层的结构设计方法并不多,目前只有澳大利亚的设计体系中提到优质级配碎石过渡层沥青路面的设计方法,并且国外所有的设计方法均未对级配碎石层提出设计控制指标。国外许多设计方法都提出了考虑级配碎石等未处治粒料非线性特点的设计模量计算,但仅针对直接置于土基之上的粒料基层。

国外一般将级配碎石作为下基层,较厚的沥青混凝土起到了上基层的作用,因此对碎石的级配要求不严,通常采用 AASHO、ASTM 等标准,这些标准较宽泛,不适合作为基层或过渡层的级配碎石的采用标准[25]。近年来国外对级配碎石的力学特性进行了相关研究,对试验条件、设备、试件成型方法、尺寸、材料类型和级配等提出了明确的要求,但仍存在尚未解决的问题,如级配碎石的施工方法与控制、压实度的检验方法等。如何通过室内外试验得出级配碎石材料的力学反应特性,以便应用于我国的设计体系中,也是有待于进一步深入研究的问题。至于级配碎石的动弹模量,国外进行过大量的研究,并得到了级配碎石非线性特性的表达式和参数的取值范围,但由于试验条件和试验过程总会有一定的差别,所得出的结果变化较大。

国外公路设计方法中,对于无黏结粒状材料的强度特性采取保守的观点,通常将柔性公路作为弹性层状体系放置在均匀的半无限空间体上进行分析。柔性公路中无黏结粒料层的力学性对于整个公路结构中的结构整体性很重要,因此对于薄面层的柔性公路应考虑无黏结粒状材料的非线性。为了说明无黏结粒状材料的非线性,通常将粒状材料分成副层以调节回弹模量在交通荷载的作用下,沿深度变化、应力改变而发生变化。目前分层确定模量的方法有很多,这些方法各不相同,多层层状弹性方法可以说明竖直应力的变化,但不能有效地解释侧向或水平方向应力的变化。

各向异性是粒状材料的重要特性,但在公路结构的设计中通常容易被忽略。对于公路结构中粒状材料各向异性的研究很少,主要是因为粗粒状材料的测试比较困难。各向异性被定义为在各向同性应力状况下轴向应变和径向应变之间的比值;内在的各向异性是粒状材料的物理特性,主要由材料的沉降或排列引起。应力引起的各向异性发生在土壤颗粒应变过程中。Oda 和 Suddo 发现,应力引起的各向异性主要是由于塑性变形。这样就可以用重复荷载三轴仪器测量粒状材料的回弹各向异性,通过循环单元压力进行简化[26]。用简单的规律来定义粒状材料的各向异性很困难。各向异性可能与很多因素有关,如矿物类型、颗粒材料、密度和级配,研究表明,粗粒径材料比细粒径材料对各向异性更加敏感。

国外采用力学分析的方法设计时,级配碎石主要用其弹性参数(模量、泊松比)来表征,但前提是需满足抗剪强度与塑性变形的要求。级配碎石结构究竟能承受多大的剪切应力和变形,如何评价其抗变形能力及采用哪种评价指标,国内外尚未见到相关报道,也没有相应的试验设备。

在结构分析方面,20 世纪 60 年代后期,Duncan 和 Dehlen 等曾将有限元引入路面结构响应分析,并考虑土基和粒料非线性,得到路面结构的非线性响应[27]。但是,他们所做的分析基本上是基于全柔性沥青路面结构,对于具有倒装结构级配碎石的非线性分析很少,也没有对这种对减少反射裂缝颇为有效的倒装结构在厚度组合设计方面提出合理的建议。

2. 国内研究进展

目前国内关于采空区上方修建过渡路面的研究几乎没有,但级配基层路面无论作为柔性基层路面结构还是半刚性基层过渡层路面结构都具有很大的发展潜力。

近年来国内半刚性基层沥青路面使用过程中反射裂缝问题日益突出,为研究防止反射裂缝的问题,铺筑了一些试验路。如"七五"国家科技攻关计划惠州试验路的土工布夹层防裂对比研究,河北正定试验路段改性沥青应力吸收膜中间层及级配碎石基层防裂的对比研究,西安试验路段级配碎石基层防裂的对比研究,沪宁高速公路无锡试验路段级配碎石基层防裂的对比研究,宁连一级公路淮阴式验路段级配碎石基层及土工格栅夹层防裂的对比研究[26]。通过对这些试验路段的系统观测和分析,初步证实 10～20 cm 级配碎石的加入对于防止、减少和延迟反射裂缝及其发展有着较好的效果。但这些研究几乎全部停留在试验路的观测上,并未做深入的研究与探讨。

20 世纪 90 年代末,东南大学何兆益博士通过室内试验和试验路的观测,对级配碎石进行了分析研究,得到力学性能良好的碎石级配及成型方法。由于级配碎石的非线性特性,对其分别进行了动三轴和静三轴试验;对具有优质级配碎石过渡层半刚性基层沥青路面的弯沉、沥青面层底面弯拉应力进行了深入分析,提出级配碎石过渡层半刚性基层沥青路面的合理结构,并对级配碎石层控制反射裂缝的原因及施工方法进行了初步的探讨[28]。

哈尔滨大学的曹建新对级配碎石基层材料的组成结构和动力特性进行了研究。通过对主骨架、细集料及混合料的 CBR 值、回弹模量值与永久变形的对比研究,得出组成结构是影响级配碎石物理力学性质的决定性因素,而组成结构的形成是级配与工艺综合作用的结果。通过对比不同的试验,得出具有较高强度的优质级配和成型方式[29]。

长安大学莫石秀对多年冻土地区级配碎石最大干密度的影响因素、单个粒径变化对 CBR 值的影响、动态回弹模量、抗剪强度及稳定性进行了研究,推荐了关键筛孔通过率、最大粒径及最佳 n 值,分析了剪切速率对剪切试验各项指标的影响,从渗水、导热性能和抗冻三方面分析了级配碎石稳定性,提出了多年冻土地区级配碎石设计方案[30]。

山东建筑大学任瑞波等在吉林通化试验路提出的具有级配碎石过渡层沥青路面半刚性基层合理厚度范围的基础上,选择我国目前高速公路常用的沥青层厚度,建立了在标准荷载作用下,级配碎石材料本身产生的路表最大纵向塑性变形(车辙)和级配碎石材料厚度之间的关系,建立在标准荷载作用下,沥青面层层底最大弯拉应变与级配碎石材料厚度之间的关系,提出采用路表车辙(塑性变形)和沥青面层层底弯拉应变,控制级配碎石层的厚度进行具有级配碎石过渡层半刚性基层沥青路面结构的设计方法[31]。

北京公路研究所采用弹塑性有限元法,分析了不同模量、不同厚度的级配碎石对沥青面层和半刚性基层层底应力的影响,分析了不同模量、不同厚度的半刚性基层对沥青面层及半刚性基层层底应力的影响,进而提出合理的级配碎石模量、厚度,并给出了 AI 体系级配碎石的设计参数解[32]。

5.2　基于下伏采空区沉降的过渡性路面结构

采空区地表随时间的变形规律十分复杂,因此,在采空区上方修筑路面结构时宜采用远近期相结合的设计方法,近期先铺筑过渡路面,待沉降完成后再实施矿产资源区加厚路面的设计方案。采空区覆盖范围广,很多情况下修路时,其下方的煤层并没有开采,而通车后却由于下方煤层开采而使路面结构产生较大的变形。过渡路面主要用于抵抗采空区岩体破碎与软土固结沉降引起的地表变形,本章采用 ABAQUS 有限元软件对采空区上方的软土固结进行分析。

5.2.1　影响采空区路基稳定的因素

采空区的道路是否稳定,对公路工程的安全施工和正常使用关系重大。影响采空区路基路堑稳定性的因素,除了路基路堑本身以外,主要受采空区类型及其覆岩性质的影响。研究表明,影响路基路堑稳定性的主要因素包括以下几个方面。

（1）开采方式与开采面积

一般情况下,对于缓倾斜煤层,从覆岩的破坏程度看,非充分采动的破坏高度小于充分采动的破坏高度。但是对于充分采动性质的采空区,由于采动面积大,破坏程度大,在经过一定的年限后,破坏部分压实比较充分,地基稳定性较好。然而从另一角度来说,充分采动对上覆已有公路的影响较大。

（2）顶板管理方式

就煤矿回采工作面的顶板管理而言,基本顶是主要支撑对象,直接顶是主要维护对象,即顶板管理中的"支"与"护"是针对不同的对象实施的相应控制措施。伪顶板尽管也属于顶板范畴,但一般不作为顶板管理的对象,顶板以上的上覆岩层,一般不作为工作面顶板管理的考虑范围。顶板管理方式对采空区地表的变形移动规律有很大影响,它直接关系到采空区的填充方式和填充的密实度,进而关系到上部覆岩在附加荷载作用下的地基稳定性。

（3）开采高度

采高是造成采空区覆岩破坏的主要因素之一。研究资料表明,随着采高的增加,冒落带和裂隙带的高度按线性比例增加,即在相同的条件下,采高越大,破坏波及的范围就越大,岩石的破坏也就越严重。为防止压煤开采使上部路基路堑沉陷过大,造成公路横纵坡度调整困难,应在计算的基础上适当调整开采高度。

（4）开采深度

一般来说,随着开采深度的增加,最大沉降量将减小,当采空区的深厚比大于 150 时,其影响会非常小[33]。另外,采空区的埋深越大,地表的移动变形时间就越长,但地表的残余变形也趋于均匀。

（5）采空区倾角

倾角增大,地表的水平位移也随之增加,出现地表裂缝和地基不均匀沉降的可能性将变大。倾斜采空区使其上覆岩土的应力分布更加复杂,造成采空区位置不对称,尤其对主要影响角的影响较大。同时,采空区倾角较大会使上部岩土体中的裂隙和节理发育。

（6）留设煤柱的稳定性

采用煤柱支撑法管理顶板时,煤柱的稳定性至关重要。岩层的变形和破坏始于直接顶,自下而上扩散,破坏时,直接顶最下部的岩层碎胀性最大。因此,基本顶和所有上覆层的下沉量一般都比煤层开采的高度要小。在很长一段时间内,煤柱内部尤其是煤柱边缘区存在着较大的集中应力。如果煤柱边缘区因应力过大而发生破坏,岩层的两帮会失去支撑,将引起应力重新调整而使裂隙带的高度继续增大,进一步导致支撑压力向煤柱深部发展,同时引起基本顶悬臂跨度的增大。若煤柱根本不足以承受覆岩的压力,在一段时间后,煤柱将被压垮。

（7）上部岩石的组成、层位及物理性质

岩石的完整程度受到较大破坏时,裂缝发展比较充分。但一般而言,岩石的硬度较大时,采空区的沉降量较小,反之亦然。当地层中含有较软或富含水层的岩石、流沙等时,由于岩石的变形、破坏和地层移动,其能起到疏干作用,可能会出现地层移动沉降速度加快和地表最大沉降量大于采空区高度的情况。岩层的层位对于地表的移动也有较大的影响,主要表现在两个方面:首先,物理性质和厚度都相差较大的岩层层位对地表变形的剧烈程度影响较大;其次,在倾斜岩层中,层位不同会影响到两带的分布高度。

（8）岩体构造

实际上,岩体内部赋存着无数的节理面、裂隙面和断层等,这样岩体的强度会大大降低。无论是分布规则,还是杂乱无章,在岩层移动的情况下,都会促使裂缝区扩大,变形加剧。相关资料表明,岩层移动所产生的裂缝几乎全为原有裂缝的发展与扩大,在此过程中并没有产生新的裂缝。

（9）上部土层厚度

土体的物理力学性质一般远低于岩体,在采空区的破坏变形中,土层随基岩的变形而变形,即土层、岩层的变化范围一致,但是主要影响角在土体和岩体中的扩散程度是不同的。当矿层及其上覆岩层的倾角很小时,最大水平位移通常取决于最大沉降量。当土层很厚时,其性质对地表移动有较大的影响,它能够使地表出现的移动和变形的分布规律不同于基岩,而且能够抵消基岩中的各种裂缝及其破坏,并缓和地表变形曲率。

5.2.2　沉降理论

1. 沉降分析

在外荷载作用下,基础会发生压缩,地基土压缩至固结稳定时所产生的最大沉降量为基础沉降量。按照成因分类,基础的最终沉降可以分为瞬时沉降、主固结沉降和次固结沉降三个部分[34]。

(1) 瞬时沉降 S_d。由于承受荷载施加的基础尺寸有限,受力后地基中会产生剪应变,尤其在接近边缘应力集中的部位。加载瞬间,接近饱和或饱和的黏土层不能迅速地排出水分,在恒定的体积下,剪应变会引起侧向变形,从而产生瞬时沉降。采用弹性理论公式(5.1)和公式(5.2)进行计算:

$$S_d = \frac{pb(1-\mu^2)}{E_0}\omega \tag{5.1}$$

$$E_0 = E_s\left(1 - \frac{2\mu^2}{1-\mu}\right) \tag{5.2}$$

式中:b 为圆形基础直径或者矩形基础宽度;p 为基础底面平均压力;ω 为沉降影响系数;E_0 为土体的变形模量;E_s 为压缩模量;μ 为泊松比。

(2) 主固结沉降 S_c。接近饱和或饱和的黏土层施加荷载后,产生超静水压力使土体中的水分排出,土体孔隙减小,形成地面下沉。固结沉降速率由孔隙水排出的速度决定,可以采用斯开普敦推荐的计算公式(5.3)计算:

$$S_c = \sum_{i=1}^{n}\frac{a_i}{1+e_{1i}}\delta_{1i}\left[A + \frac{\delta_{3i}}{\delta_{1i}}(1-A)\right]h_i \tag{5.3}$$

式中:A 为孔隙压力系数;δ_{1i} 为地基中某分层 i 的附加最大主应力;δ_{3i} 为地基中某分层 i 的附加最小主应力;a_i 为地基中某分层 i 的压缩系数;e_{1i} 为地基中某分层 i 的孔隙比;h_i 为地基中某分层 i 的土体厚度。

(3) 次固结沉降 S_s。其为超静水压力基本消失后,土层在恒定的有效应力作用下随时间继续变形造成的沉降。此时的沉降速率与孔隙水的排出速度没有关系,而是取决于土层本身的蠕变性质。地基的沉降固结持续很长时间,据观测统计,基础构筑物建成几年或几十年后,地基的次固结沉降可能还在进行。可以用式(5.4)计算:

$$S_s = \sum_{i=1}^{n}\frac{C_{ai}}{1+e_{1i}}\lg\left(\frac{t_2}{t_1}\right)h_i \tag{5.4}$$

式中:C_{ai} 为第 i 层土的固结系数,由试验确定;t_1 为排水固结所需的时间;t_2 为计算次固结所需的时间。

在基础沉降的过程中,每个时期都有一个主要的沉降,但是在实际的沉降过程中,其他次要的沉降也需要考虑。例如,在无黏性土中,由于其固结速度快,其瞬时沉降就是它主要的沉降,而固结沉降则为次要的沉降;但对于一般的饱和黏性土,固结沉降就是主要的沉降,同时还有少量的瞬时沉降和次固结沉降。

2. 分层总和法

在实际工程中,天然地基一般是由多层极不均匀且性质不同的土体组成的[35]。即使部分土层的性质相同,土体固有的一些物理性质随着深度的不同也会发生变化,因此,分层总和法是计算地基土体总沉降较好的方法。分层总和法是将压缩层厚度范围内的土体分成若干个土层,假定土体不发生侧限变形,然后求出在基础中心轴线上每层土体的沉降量,最后叠加起来,就是基础的最终沉降量。

　　具体步骤如下:首先假定土体没有侧限变形,二的压缩由土颗粒间空隙体积的减小所引起,不考虑土颗粒和孔隙水的压缩变形;再假定第 i 层的土体压缩变形量是 S_i,土体的厚度为 h_i,那么利用单位断面土柱的孔隙高度变化可以求得 S_i,求解公式为

$$S_i = \frac{e_{1i} - e_{2i}}{1 + e_{1i}} h_i \qquad (5.5)$$

　　由压缩系数和压缩模量的定义可得

$$\alpha_i = \frac{e_{1i} - e_{2i}}{\delta_{zi}}, \quad E_{si} = \frac{1 + e_{1i}}{\alpha_i} \qquad (5.6)$$

　　第 i 层的土体压缩变形量 S_i 为

$$S_i = \frac{\alpha_i}{1 + \epsilon_{1i}} \delta_z h_i = \frac{\delta_{zi}}{E_{si}} h_i \qquad (5.7)$$

　　最终沉降量 S 为

$$S = \sum_{i=1}^{n} S_i = \sum_{i=1}^{n} \frac{\delta_{zi}}{E_{si}} h_i \qquad (5.8)$$

式中:e_{1i}、e_{2i} 分别为 δ_{ci} 和 $\delta_{ci} + \delta_{zi}$ 对应的孔隙比,由压缩曲线所得;α_i 为压缩系数;E_{si} 为压缩模量;δ_{ci} 为施加外荷载前土层 i 中的平均竖向应力;$\delta_{ci} + \delta_{zi}$ 为施加外荷载后土层 i 中的平均竖向应力。

5.2.3　过渡路面结构

　　采空区引起岩体松散、陷落,进而造成路基的不均匀沉降。当发生不均匀沉降时,面层和基层模量的增加会在面层底部与基层顶部产生较大的拉应力,使路面结构过早地被破坏,特别是面层直接承受车轮荷载,较小模量的面层会在车载的重复作用下产生较大的变形,进而影响路面的正常使用。故采空区的路面结构宜选用基层模量较小、面层模量较大的路面结构。

　　路面结构类型按力学特性与设计方法的不同可分为柔性路面、刚性路面和半刚性路面[36]。柔性路面的总体结构刚度较小,在车载作用下会产生较大的弯沉变形,路面结构本身的抗弯拉强度较低,它通过各结构层将车辆荷载传递给土基,使土基承受较大的单位压力。路面结构主要靠抗压强度与抗剪强度承受车载作用,考虑到柔性路面结构较好的变形协调能力,采空区低等级路的路面结构应重点考虑柔性路面结构。刚性路面主要靠水泥混凝土面板承受车辆荷载,通过板体的扩散分布作用,传递给基础上的单位压力较柔性路面小[37]。水泥混凝土面板与其他筑路材料相比,抗弯拉强度高,并且有较高的弹性模量,但在车辆荷载和其他外部荷载的作用下,面板的变形协调能力较差,对地表不均匀大变形特别敏感,可能会使得面板底部悬空,进而在车载作用下拉裂。半刚性基层沥青路面结构是我国高等级公路应用最广泛的结构形式。综合国内外路面设计方法[38],根据采

空区路面需要承受的变形特性,拟提出以下四种过渡路面,分析其抵抗采空区上方土体固结沉降引起路基不均匀沉降的能力,见表 5.1。

表 5.1　四种过渡路面结构形式

路面结构 A	路面结构 B	路面结构 C	路面结构 D
沥青混凝土 12 cm	沥青混凝土 12 cm	沥青混凝土 12 cm	沥青混凝土 12 cm
级配碎石 16 cm	水稳碎石 32 cm	大粒径沥青稳定碎石 10 cm	级配碎石 32 cm
水稳碎石 16 cm		级配碎石 22 cm	
二灰土 16 cm	二灰土 16 cm	二灰土 16 cm	二灰土 16 cm

5.2.4　地层划分与几何模型的建立

1. 地层划分

本书以河南省省道 323 线采空区路段地层分布结构为基础,截取标号 K26＋500 附近的一段公路为模拟对象,通过适当调整和简化,建立几何模型。地层岩体材料组成见表 5.2。

表 5.2　地层岩体材料组成

序号	材料名称	深度/m	厚度/m
1	黄土	0~7	7
2	强风化泥岩	8~37	29
3	强风化砂岩	38~47	9
4	煤	48~50	2
5	中风化砂岩	51~120	69

2. 几何模型尺寸

(1) 地基:宽 100 m,高 120 m,沿路线方向长 10 m;

(2) 路基:路基底至路基顶高 4 m,路基顶宽 24.5 m,两侧路基边坡为 1∶1.5,左路基底离地基左边界 32 m,右路基底离地基右边界 32 m;

(3) 采空区:长(沿行车方向)10 m,宽(路面横断面方向)40 m,厚 3 m。

本书应用 ABAQUS 进行几何模型建立及网格划分,划分网格后的几何模型如图 5.1 所示。

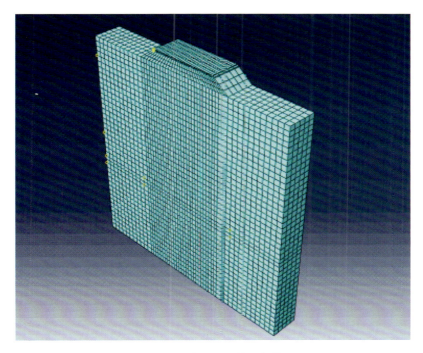

图 5.1　划分网格后的几何模型

5.2.5　本构模型与材料参数的选取

1. 本构模型

土体的本构关系指材料的应力-应变关系。本构关系中最基本、最简单的就是胡克定律，这种情况下材料的应力-应变符合线性关系。但是，土体结构为散粒结构，其应力-应变关系并非简单的线性关系。在一些实际工程问题中，往往需要提出一种合适的本构关系来解决某一特定土体的问题，在计算过程中，为了使模拟更加便捷，一般会采用简化的模型。常用的土体本构模型大致可分为以下几种：弹性模型、黏弹塑性模型、弹塑性模型和损伤模型。ABAQUS 常见的弹塑性土体本构模型有 Mohr-Coulomb 模型、修正的 D-P 模型、修正的帽子模型、修正的剑桥模型等。本书通过采用弹性层状体系来模拟路面结构，采用修正的 D-P 模型模拟黄土的本构关系，采用 Mohr-Coulomb 模型模拟路基土和岩体的本构关系。

2. 材料参数

根据以往的大量数值模拟经验，路面结构部分采用 ABAQUS 内置的 elastic 本构模型计算，设置三种材料参数，分别是弹性模量 M、泊松比 (ν) 和密度 (ρ)，取值由工程设计单位提供的路面结构设计资料确定,四种过渡路面的材料参数见表 5.3,黄土参数见表 5.4,岩体和路基土参数见表 5.5。

表 5.3 过渡路面的材料参数

路面结构	结构类型	路面层次	材料	厚度/cm	模量/MPa	密度/(kg/m³)	泊松比 ν
A	碎石过渡层基层	面层	沥青混凝土	12	1400	1900	0.3
		上基层	级配碎石	16	500	1850	0.3
		下基层	水稳碎石	16	1600	2230	0.3
		底基层	二灰土	16	600	1700	0.3
B	半刚性基层	面层	沥青混凝土	12	1400	1900	0.3
		基层	水稳碎石	32	1600	2230	0.3
		底基层	二灰土	16	400	1700	0.3
C	大粒径沥青碎石基层	面层	沥青混凝土	12	1400	1900	0.3
		上基层	大粒径沥青碎石	10	1500	2250	0.3
		下基层	级配碎石	22	300	1850	0.3
		底基层	二灰土	16	600	1700	0.3
D	碎石层基层	面层	沥青混凝土	12	1400	1900	0.3
		基层	级配碎石	32	300	1850	0.3
		底基层	二灰土	16	600	1700	0.3

表 5.4 黄土参数

材料类型	r_d/(kN/m³)	c/kPa	φ/(°)	k	ν	λ	M	a_0/(N/m³)	β	K	e_1
粉质黏土	18.5	22.8	32.4	0.03	0.3	0.08	1.29	0.0	1.1	1.2	1.03

表 5.5 岩体和路基土参数

材料名称	M/MPa	ν	c/MPa	φ/(°)	ρ/(kg/m³)
砂岩	35 000	0.2	2.6	22	2 620
泥岩	5 000	0.3	1	28	2 450
黄土	10	0.3	0.02	18	1 780
煤	3 500	0.3	1	30	1 860
路基土	60	0.3	0.08	23	1 900

注:M 为弹性模量;ν 为泊松比;c 为内聚力;φ 为摩擦角;ρ 为密度。

3. 采空区三带高度的确定和材料参数的折减

研究表明,采空区覆岩的移动和破坏具有明显的规律性,它的特征与地质、采矿等因素有关。覆岩的破坏和移动会出现三个代表性的部分,自上而下分别称为弯曲带、裂隙带和冒落带。

冒落带的高度主要取决于采出厚度和上覆岩石碎胀系数,通常是采出厚度的 3~5倍;薄煤层开采时冒落高度较小,一般是采出厚度的 1.8 倍左右;顶板为硬岩时,冒落带高度一般是采出厚度的 5~6 倍;顶板为软岩时,冒落带高度一般是采出厚度的 2~4 倍。实践中可用公式(5.9)近似估算冒落带高度:

$$h = \frac{m}{(k-1)\cos\alpha} \tag{5.9}$$

式中:h 为冒落带高度;m 为采出煤层厚度;k 为岩石碎胀系数;α 为煤层倾角。

其中,k 取决于岩石性质,硬岩的碎胀系数较大,软岩的碎胀系数较小,碎胀系数恒大于 1,一般为 1.05~1.80。

弯曲带上方地表往往会形成下沉盆地,盆地边缘裂隙,其深度为 3~5 m,一般不超过10 m,其宽度向下渐窄,直至一定深度后便闭合消失。

本书采用不同的岩体力学参数以考虑冒落带、裂隙带和弯曲带的岩体特征,并通过现场打钻取样、室内试验和参考相关经验确定力学参数。采动岩体的数值模拟力学参数与岩体结构关系密切,根据资料,按表 5.6 中的折减原则进行参数选取。

表 5.6　材料参数取值折减系数

折减参数名称	未采动区	采动弯曲带	采动裂隙带	采动冒落带	风化带
模量	1/5~1/3	1/5~1/3	1/20~1/10	1/30~1/20	1/6
黏聚力、抗拉强度	1/5~1/3	1/5~1/3	1/20~1/10	1/30~1/20	1/6
泊松比	不变	不变	1~2	1~2	不变

折减后各层参数见表 5.7。

表 5.7　折减后各层参数

材料名称	M/MPa	c/MPa	φ/(°)	ρ/(kg/m³)
采空区上方的砂岩	1170	0.1	22	2620
风化的砂岩	6000	0.5	22	2620
采空区上方泥岩	250	0.05	28	2450
风化的泥岩	850	1	28	2450
黄土	2	0.02	18	1780
采空区周边煤层	500	0.2	30	1860
采高的煤层	70	0.02	30	1860
路基土	60	0.08	23	1900

4. 边界条件

本书采用指定位移边界条件,其设置如下:
(1) 路面和地表为自由边界;
(2) 模型左右两侧边界固定水平位移(置零);
(3) 模型前后两侧边界固定法向位移(置零);
(4) 模型底部边界固定水平、纵向和横向位移(置零);
(5) 地基表面在黄土固结沉降计算分析中,空隙压力设置为零。

5.2.6　四种不同路面结构的不均匀沉降分析

拟定的四种路面结构在采空区上方岩土体重力和软土固结作用下的沉降云图如图 5.2 所示。

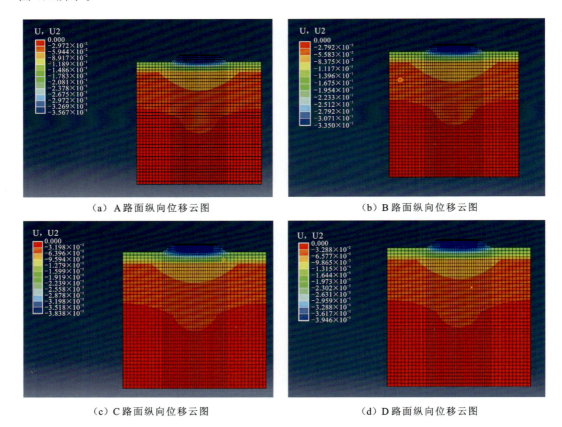

（a）A 路面纵向位移云图　　　　　　　（b）B 路面纵向位移云图

（c）C 路面纵向位移云图　　　　　　　（d）D 路面纵向位移云图

图 5.2　四种路面纵向位移云图

路面横断面中心点与横断面端点的最终沉降量见表 5.8。

表 5.8　路面横断面中心点与横断面端点的最终沉降量

路面结构	路面横断面中心点沉降量/cm	路面横断面端点沉降量/cm	沉降差/cm	产生的倾斜/(mm/m)
A	35.6	29.5	6.1	5.1
B	33.5	27.1	6.4	5.3
C	38.3	33.5	4.8	4.0
D	39.4	34.9	4.5	3.8

从模拟结果可以看出,半刚性基层路面的最大沉降量最小,为 33.5 cm;碎石过渡层基层路面的沉降量为 35.6 cm;大粒径沥青碎石基层和碎石层基层的沉降量较大,分别为38.3 cm 和 39.4 cm。但这四种路面产生的不均匀沉降和在路面横断面产生的倾斜则是柔性基层路面结构较小,碎石过渡层基层路面和半刚性基层路面较大,这表明以碎石层为代表的柔性基层路面更能适应采空区岩体破碎和软土固结引起的不均匀沉降。考虑到碎石层路面造价相对较低,故推荐碎石过渡层基层路面结构作为采空区过渡路面的结构形式。

5.3　交通荷载对路面结构的影响分析

5.3.1　采空区上方公路结构在标准轴载作用下的响应分析

1. 力学模型的建立

考虑到新密至登封公路试验段与主线路段的结构区别,本书主要分析这四种不同路面结构的力学响应,为简化计算步骤,路堤高度统一定为 4 m,土基考虑到采空区的影响,依据勘察资料,计算到深度 60 m 处。

ABAQUS 有限元模型是关于路堤横断面的平面应变模型,考虑到路基的实际受力情况,将模型做一些简化。施加荷载为 BZZ-100 标准荷载,路堤边坡为 1:1.5,路面宽为24.5 m,路基的全横断面取 60 m 宽,地基两侧假设为无摩擦的 X 向约束,路基纵向为60 m,假定地基底部为有摩擦的 X、Y 向约束。划分好网格的计算模型如图 5.3 所示。

2. 路面结构各层力学参数的选取

路面结构层各层材料假定为均匀且各向同性,并服从胡克定律。碎石基层试验段位于 K27+500~K28+250,而半刚性基层则作为三线路段,四种路面结构形式如表 5.1 所示,各层力学参数的选取参照表 5.3~表 5.5。

3. 荷载图式与大小的确定

采空区上方的公路既要承受下方岩体破碎、蠕变等引起的不均匀变形,又要承受交通

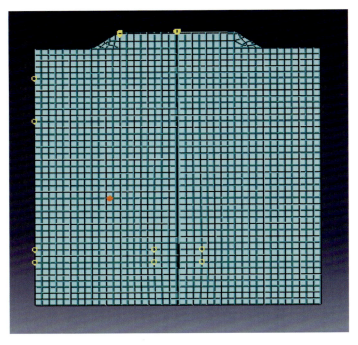

图 5.3　计算模型

荷载,其中车辆荷载是路基路面结构损伤的主要原因。当车辆停驻在公路上时,对路面产生静态压力,主要是轮胎传给路面的压力 p,它的大小受轮胎的内压、接触形态、刚度及轮载大小的影响。

　　为了统一标准和便于交通管理,我国公路与城市公路路面设计规范中均以 100 kN 作为设计标准轴载,因此通常认为我国的公路车辆轴限为 100 kN。根据我国现行的公路沥青路面设计规范[39],路面结构设计在进行计算时,会采用双轮双圆、两圆中心距等于接地半径 3 倍的荷载标准图式,轮压大小为 0.7 MPa。

5.3.2　计算结果与分析

　　路面弯沉是路基和路面结构不同深度处纵向变形的总和。一般认为,在车载作用下,路面各结构层层底拉应力与拉应变是使路面结构产生疲劳破坏的主要原因之一,柔性基层路面结构上作用 BZZ-100 的标准荷载后,弯沉值的最大值并非出现在轮隙中心,而是在轮胎的外侧边沿;面层层底拉应力在轮胎外侧边沿出现峰值,而拉应变在轮载中心附近出现峰值;剪应力大小在深度方向逐渐增加,到一定深度处时逐渐减少,剪应力沿横向方向变化时,在距轮隙中心 1.2 m 处即轮胎外侧边沿附近时出现峰值,距轮隙中心的距离越远,剪应力越小。半刚性基层路面结构的计算数据得出的规律与柔性基层路面的基本一致,这里不再赘述。

1. 采空区深度对路面弯沉与基底拉立力的影响

确定采空区对路面结构有一定影响之后,本书进一步分析采空区出现的深度对路面的受力影响。设采空区出现在距离土基顶端深度依次为 20 m、30 m、40 m、50 m、60 m、70 m、80 m、100 m、120 m 处,分别计算两种路面结构的弯沉、拉应力和剪应力。随着采空区距路基深度的增加,路面弯沉值逐渐减小,如图 5.4 所示;各面层层底最大拉应力与拉应变稍微有所减少,可以看作基本上保持不变,如图 5.5 所示;采空区的位置对剪应力大小没有影响。

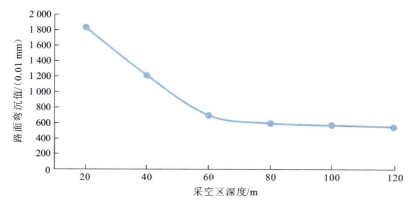

图 5.4　路面弯沉值与采空区深度关系图

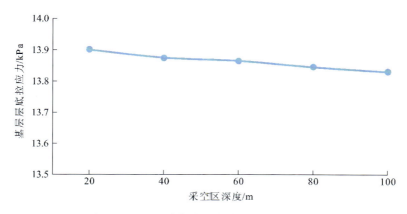

图 5.5　基层层底拉应力与采空区深度关系图

2. 路基不同填筑高度的路面结构响应

对于下方有采空区的路基,是否填筑路基土以及填筑高度的大小会影响到路面弯沉,路基土在自重与采空区复杂应力作用下会发生变形,路基的填筑高度会直接影响路基与路面的受力、变形。路面弯沉随着路基土高度的增加而增加,关系呈正相关,如图 5.6 所示,这说明下方有采空区时,增加填土高度并不能有效地降低路面弯沉。而基层层底拉应力随着路基填筑高度的增加先增加后减小,如图 5.7 所示。故在实际工程中应选择恰当的路基填筑高度,才能使路面结构在变形和受力方面取得一个好的平衡点,既能保证安全又能有较好的适用性和耐久性。

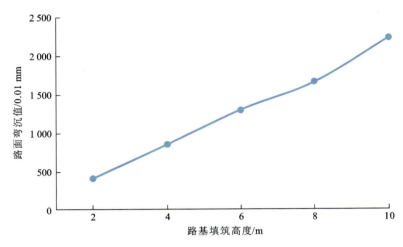

图 5.6　路面弯沉与路基填筑高度关系图

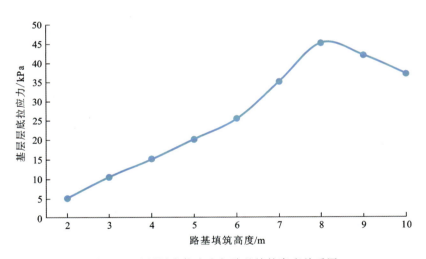

图 5.7　基层层底拉应力与路基填筑高度关系图

　　综上所述,路面弯沉随路基填筑高度的增加而增加,面层层底拉应力和基层层底拉应力随路基填筑高度的增加不单调,在采空区临界区域范围内,路面设计指标中的弯沉比层底拉应力对路基填筑高度的变化更敏感。在实际工程中需要对其进行优化设计,提出最佳路基填土高度范围,减小路面各层层底拉应力,提高路面的耐久性。

5.3.3　四种路面结构在交通荷载作用下的弯沉和应力的对比分析

在路面作用标准轴载后,四种路面结构层的基层底部拉应力如图 5.8 所示,其中半刚性基层路面中产生的拉应力最大,为 127 kPa,碎石过渡层基层路面中产生的拉应力为 67 kPa,大粒径沥青碎石基层路面中产生的拉应力为 36 kPa,碎石层基层路面中产生的拉应力为 15 kPa。

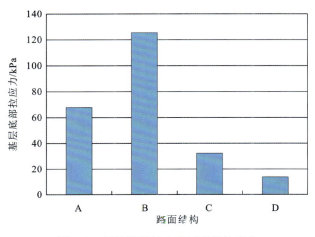

图 5.8　四种路面结构基层底部拉应力

四种路面结构在标准轴载作用下的底基层内部产生的最大拉应力相差不大,如图 5.9 所示,均为 100 kPa~106 kPa;而且在路表产生的弯沉值也十分接近,如图 5.10 所示,都为8.4~8.8 mm。由此可以得出结论:在标准轴载作用下,碎石层基层等路面结构在路面产生的弯沉与半刚性基层产生的弯沉相差较小,都满足设计规范要求,而在刚性基层路面结构基层底部产生的拉应力是碎石层基层路面结构基层内产生拉应力的 10 倍或者更高。

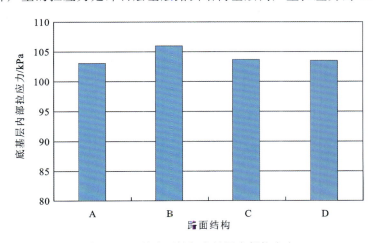

图 5.9　四种路面结构底基层内部拉应力

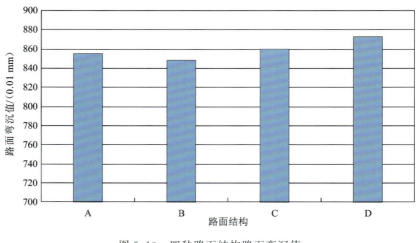

图 5.10　四种路面结构路面弯沉值

5.4　采空区位置对路基沉降的影响分析

5.4.1　采空区临界安全区域的确定

本书模拟采用 5T FWD 换算即为标准轴载作用,通过监测一个周期内的压力,转换为作用在地表上的等效压强。通常研究路面结构的车载作用时,把荷载作用点等效为面的形式,在有限元模拟中即为一个有限单元,把车载作用在单元上,以此来模拟移动荷载的情况。

上部荷载传递下来的附加应力是造成路基沉降的重要因素,国内外学者从多种方面研究了荷载在路基中的传播规律,取得了大量的成果[40]。例如,根据天然公路的层状结构发展的层状体系理论,其在公路系统的力学研究中已经取得了一定研究成果,车辆荷载的能量在浅层路基中耗散较大,尤其是厚度增加时效果更明显。路面荷载的周期同路基土内保持一致,主要受荷载频率的影响,呈现出波动变化的形式。

但目前对路基土在存在采空区时受交通荷载作用产生的沉降变化研究较少,在采空区,路基的沉降不仅会受到路基土中附加应力的影响,还会受到采空区对路基土的扰动影响,路基土在这两种影响的共同作用下产生沉降变化。而最值得注意的是采空区对路基土的影响范围,故本书从纵向深度与横向距离两个方面进行研究,提出采空区临界影响区域的概念。该区域是指在这个区域之内,采空区对地表与路基的表面产生的位移比较大,在这个区域之外,采空区对上方路基路面的影响可以忽略不计[41]。本书基于弹塑性小土体应变理论,考虑了采矿引起的岩体松动和交通荷载的动荷载作用,计算路基中心点产生的最大沉降。通过对纵向和横向两个方向上采空区在动荷载作用下的影响研究,确定采空区临界影响区域的主要范围,进而指导工程的前期施工,并给后期公路运营时在动荷载作用下的路基维护提供一定的指导意见。

5.4.2　采空区处于不同深度时的路基沉降分析

在有无采空区的条件对比下,进一步研究采空区所处深度对公路路基的影响,分别设置 7 种工况:无采空区与 6 种采深不同的采空区(采深为 20 m、30 m、40 m、50 m、60 m 和 70 m)。监测这 7 种工况下,动荷载作用一个周期时路基中心点(48,0,0)的沉降,并选择采深 20 m、70 m 两种代表性工况下路基中心点的沉降进行对比分析,如图 5.11~图 5.13 所示。

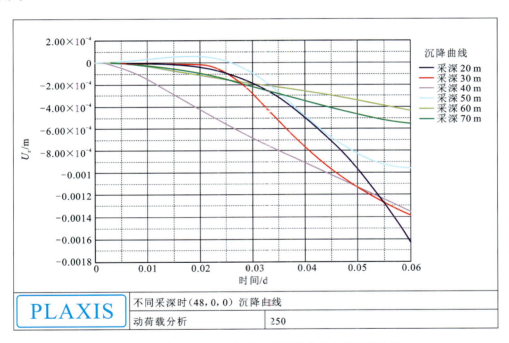

图 5.11　采空区处于不同深度时路基中心点的沉降曲线

通过上述不同采深条件下路基土的纵向位移曲线对比图,可以得到采空区路基土在交通荷载作用下一个周期内的最终弯沉值,如表 5.9 所示。根据表中数值可以绘出交通荷载作用下,路基中心点弯沉值随采空区深度的变化曲线及采空区沉降扰动系数与采深之间的关系曲线,分别如图 5.14 和图 5.15 所示。

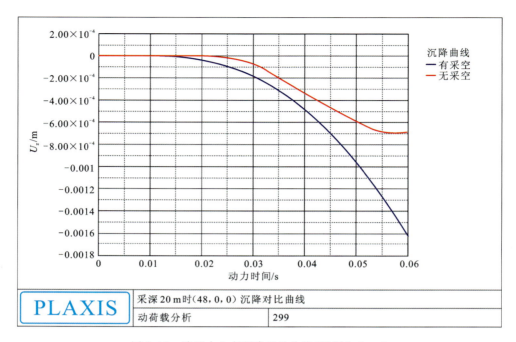

图 5.12　路基中心点沉降对比曲线(采深为 20 m)

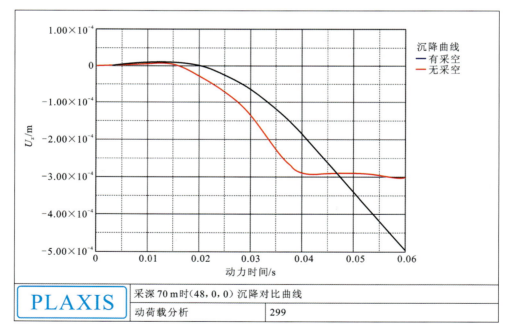

图 5.13　路基中心点沉降对比曲线(采深为 70 m)

表 5.9　不同条件下路基中心点(48,0,0)的弯沉

有采空区		无采空区	扰动系数
采深/m	弯沉值/(0.01 mm)		
20	162.6	35.4	3.59
30	149.5	35.4	3.22
40	136.3	35.4	2.85
50	95.7	35.4	1.70
60	55.6	35.4	0.57
70	49.6	35.4	0.40

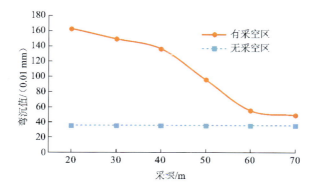

图 5.14　路基中心点弯沉值与采深之间的关系曲线图

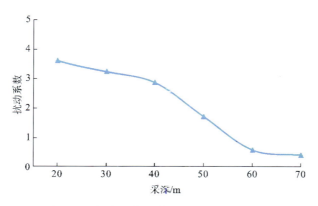

图 5.15　扰动系数与采深之间的关系曲线图

从图 5.11～图 5.13 可以看出,无采空区工况下,路基中心点在一个振动周期内的沉降数值变化曲线相同;有采空区时各深度工况下,路基中心点在一个振动周期内的沉降数值变化曲线基本一致,都是先平稳变化然后进入一个沉降快速增长的阶段。通过两者曲线的对比可以看出,采空区的存在会使得路基中心点的沉降由之前的最后稳定阶段变为塑性急剧增长阶段,从而采空区比无采空区时路基中心点的沉降量更大。

　　由表 5.9 可知,在无采空区工况下,路基中心点的弯沉值保持不变。从图 5.14 可以看出,在有采空区的条件下,路基中心点的沉降量随着采深的增加逐渐减小,采深 20 m 时路基中心点的沉降最大,在采深 70 m 时沉降最小;在采深 20～40 m 范围内,路基中心点的沉降量随着深度的增加而平稳减小,但是相对无采空区时沉降量成倍地增加,说明当采深在 20～40 m 范围内时,采空区的存在对路基中心点的沉降影响很大;在采深 40～60 m 范围内,路基中心点的沉降量随着深度的增加而急剧减小,说明随着采深的增加,采空区对路基中心点的沉降影响在逐渐减弱,但是相对于无采空区时,沉降量还是相对较大;在采深 60～70 m 范围内,路基中心点的沉降量随着深度的增加而平稳减小,说明在此范围内,采空区对路基中心点的沉降影响基本较弱,同无采空区时相比,两者的沉降规律和数值相差不大。综上所述,采空区纵向安全影响临界区域的深度取为 60 m。

　　从图 5.15 中可以看出,在采深 20～40 m 范围内,采空区的扰动系数均超过 2,即在此范围内采空区对路基中心点的扰动影响很大,所以当公路处于这种情况时,要特别注意防范在长期交通动荷载作用下路基中心点的沉降变化,防止出现大范围的工后沉降,定期做好沉降监测;在采深 40～60 m 范围内,采空区的扰动系数由 2.85 迅速降至 0.57 左右,由这种急剧变化的数据可以看出,在这个范围内,采空区对路基中心点的扰动影响迅速减小;在采深 60～70 m 范围内,采空区的扰动系数稳定在 0.5 左右,说明在此段范围内,采空区对路基中心点的扰动影响基本不再变化。综上所述,可以将采空区纵向安全影响临界区域的深度取为 60 m,同沉降对比曲线的分析结果相一致。由于不同深度范围内的沉降模拟图较多,本节选定采深 20 m、70 m 两种代表性工况的模拟图,如图 5.16～图 5.18 所示。

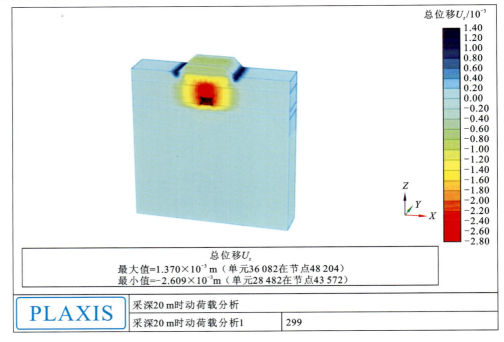

图 5.16　动荷载作用下岩体的沉降位移云图(采深为 20 m)

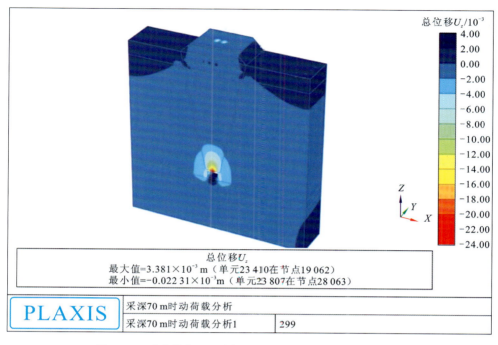

图 5.17　动荷载作用下岩体的沉降位移云图(采深为 70 m)

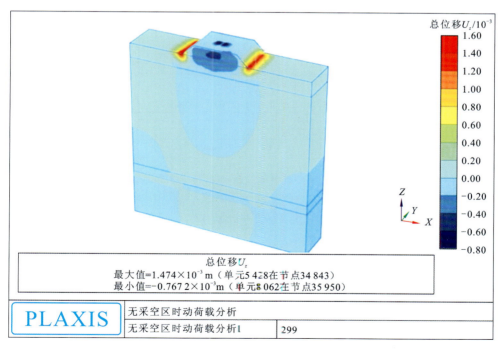

图 5.18　动荷载作用下岩体的沉降位移云图(无采空区)

5.4.3　采空区处于不同横向位置时的路基沉降分析

根据实际工程状况,选择采深为 40 m 的工况条件,水平方向上保持采空区与路基的相对位置及倾角不变,只改变采空区与路基的水平距离。选定路基右坡脚处为零点,向左为负向右为正,设置距离零点 −18 m、−9 m、0 m、6 m、10 m、15 m 这 6 种工况,对比在水平向不同位置条件下,路基中心点(48,0,0)在动荷载作用下一个周期内的位移沉降,进而分析采空区横向距离对路基的沉降影响。计算结果系列位移云图如图 5.19～图 5.21 所示。

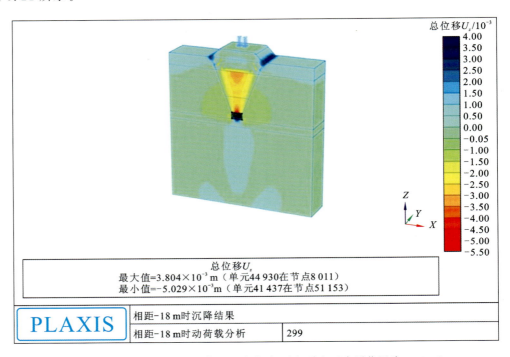

图 5.19　动荷载作用下岩体的沉降位移云图(采空区水平位置为−18 m)

在上述几种工况条件下,分别监测路基中心点(48,0,0)在一个荷载周期内的位移沉降变化,绘制路基中心点在采空区水平移动时的结果曲线如图 5.22 所示。

通过在采空区与路基中心点横向位置不同时,监测路基中心点在动荷载一个周期内位移变化,得到其在动荷载作用一个周期内的最终弯沉值,如表 5.10 所示。根据表中数值,可以做出在交通荷载作用下路基中心点的沉降量与采空区横向距离的关系曲线,如图 5.23 所示。

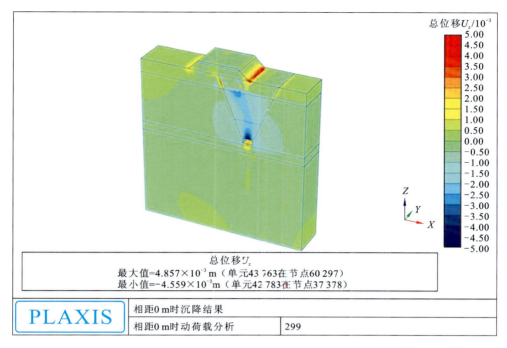

图 5.20　动荷载作用下岩体的沉降位移云图（采空区水平位置为 0 m）

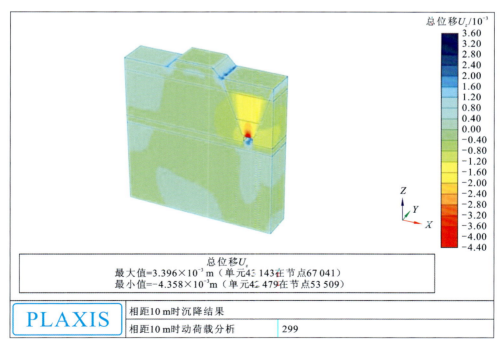

图 5.21　动荷载作用下岩体的沉降位移云图（采空区水平位置为 10 m）

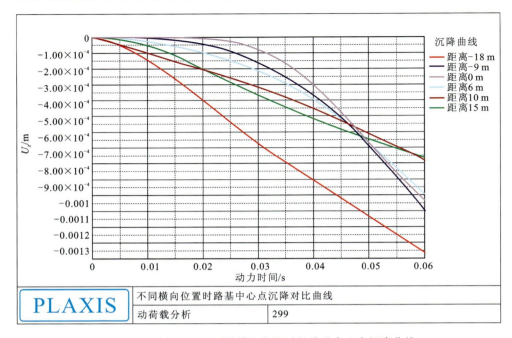

图 5.22　采空区处于不同横向位置时的路基中心点沉降曲线

表 5.10　不同横向位置下路基中心点的弯沉值

横向距离/m	弯沉值/(0.01 mm)
−18	136.3
−9	118.6
0	103.2
6	92.3
10	77.8
15	76.5

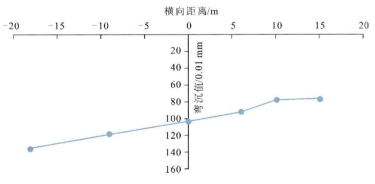

图 5.23　路基中心点的沉降量与采空区横向距离的关系图

从图 5.19 中可以看出,当采空区位于路基中心正下方时,路基中心点的沉降量最大;在路基中心点往两边移动的过程中,沉降量在减小,当到达左右边界点时沉降量最小,而且左右方向的沉降呈对称趋势,符合数值模拟的假定。从图 5.20 和图 5.21 中可以看出,在采空区横向移动过程中,路基中心点的沉降数值在变小,这也可以从表 5.10 得到验证。同时,采空区两边的沉降数值不再对称,而采空区移动的方向沉降数值较大,采空区对其最上方的土层的沉降影响最大。从三者纵向位移云图的对比中可知,当采空区做远离路基中心的移动时,其对路基中心的沉降影响在不断减弱,与路基之间的贯通趋势从有到无,故在横向距离上总有一个临界位置是与路基呈现无贯通状态的。

从图 5.23 中可以看出,路基中心点的沉降量随着横向距离的增加在逐渐减小,最终呈平缓趋势,当采空区在路基中心正下方时,路基中心点的沉降最大,在距离路基 15 m 时,沉降最小。当存在采空区时,在横向距离 -18～10 m 范围内,路基中心点的沉降量随着横向距离的增加而急剧减小,说明当横向距离在此范围内时,采空区的存在对路基中心点的沉降影响很大;在横向距离 10～15 m 范围内,路基中心点的沉降量随着横向位置的增加而平缓减小,说明随着采空区位置不断地远离路基,采空区对路基中心点的沉降影响在逐渐减弱,同无采空区时相比,沉降量相差不大,可以认为采空区横向位置在此范围内时对路基中心点的沉降基本没有影响。综上所述,采空区横向安全影响临界区域的位置为 10 m。

参 考 文 献

[1] 何国清,杨伦,凌赓娣,等. 矿山开采沉陷学[M]. 徐州:中国矿业大学出版社,1991.

[2] LITWINISZYN J. 颗粒体力学中的随机方法[M]. 何国清,译. 徐州:中国矿业学院科技情报室,1984.

[3] 刘宝深,廖国华. 煤矿地表移动的基本规律[M]. 北京:中国工业出版社,1965.

[4] 余学义,施文刚. 地表剩余沉陷的预计方法[J]. 西安矿业学院学报,1996(1):1-4.

[5] 余学义,伊士献,赵兵潮. 采动损害计算机反演模拟评价方法[J]. 矿山压力与顶板管理,2002,9(4):102-104.

[6] 肖波,麻凤海,杨帆,等. 基于遗传算法改进 BP 网络的地表沉陷预计[J]. 中国矿业,2005,14(10):83-86.

[7] 麻凤海,杨帆. 地层沉陷的数值模拟应用研究[J]. 辽宁工程技术大学学报:自然科学版,2001,20(3):257-261.

[8] 张荣亮,麻凤海,杨帆. 运用 ANSYS 分析开采倾斜煤层引起的地表变形[J]. 中国地质灾害与防治学报,2006,17(1):91-94.

[9] 谢和平,周宏伟,王金安,等. FLAC 在煤矿开采沉陷预测中的应用及对比分析[J]. 岩石力学与工程学报,1999,5(4):397-401.

[10] 黄志安,李示波,赵永祥,等. FLAC 和数值分析在矿山地表沉降预测中的应用[J]. 有色金属,2005,57(3):95-98.

[11] 王生俊,贾学民,韩文峰,等. 高速公路下伏采空区剩余沉降量 FLAC3D 计算方法[C]//全国地面岩石工程学术会议暨中南地区岩石力学与工程学术会议,2005.

[12] 吕淑然,刘红岩.矿体开采的 FLAC3D 数值模拟分析[J].矿冶,2006,15(4):1-4.

[13] 栾元重,季道武,颜承顺,等.公路采动损害的计算[J].矿山测量,1998(3):30-33.

[14] 汤伏全.煤炭开采区上方高速公路的采动损害及其防护[J].焦作工学院学报,1997(3):53-57.

[15] 李满囤.太古公路采空区路桥稳定性分析及其治理方案[J].重庆交通大学学报:自然科学版,2000,19(3):85-87.

[16] 周伟义,李军生,赵明华,等.潭邵高速公路岩溶及采空区路基稳定性评价及治理对策[J].公路,2003(1):5-9.

[17] 张广伟,邓喀中.老采空区上方高速公路路基稳定性评价[J].西部探矿工程,2007,19(6):186-189.

[18] 祁丽华.公路采空区地表稳定性评价[D].北京:中国地质大学(北京),2007.

[19] 童立元,杜广印,刘松玉,等.高速公路下伏采空区治理关键技术分析[C]//第九届全国地基处理学术讨论会高速公路下伏采空区治理关键技术分析,2006.

[20] 徐晓东.沿长江高速公路(安徽段)采空区的治理技术[J].交通标准化,2006(10):188-190.

[21] 张志沛.高速公路煤矿采空区地基注浆加固治理技术[J].公路工程,1996(1):23-25.

[22] 魏国安.乌奎高等级公路下煤层采空区注浆治理[J].西部探矿工程,1999(3):112-116.

[23] 童立元.高速公路下伏采空区危害性评价与处治技术[M].南京:东南大学出版社,2006.

[24] 赵明华,杨明辉,曹文贵,等.连续配筋混凝土板在岩溶及采空区公路建设中的应用[J].中南公路工程,2003,28(1):5-7,11.

[25] 陈善雄,王星运,许锡昌.路基沉降预测的三点修正指数曲线法[J].岩土力学,2011,32(11):3355-3360.

[26] 袁峻.级配碎石基层性能与设计方法的研究[D].南京:东南大学,2004.

[27] 董江涛.级配碎石过渡层沥青路面结构研究[D].西安:长安大学,2008.

[28] 何兆益.碎石基层防止半刚性路面裂缝及其路用性能研究[D].南京:东南大学,1997.

[29] 曹建新.重载交通下级配碎石基层材料组成结构与动力特性的研究[D].哈尔滨:哈尔滨工业大学,2001.

[30] 莫石秀.多年冻土地区级配碎石路用性能及设计方法研究[D].西安:长安大学,2004.

[31] 任瑞波,张英亮,姜艳玲.具有柔性基层(级配碎石)的半刚性沥青路面设计方法的研究[J].山东建筑工程学院学报,2005(2):27-30.

[32] 林绣贤.柔性路面结构设计方法[M].北京:人民交通出版社,1988.

[33] 刘传正.地质灾害勘查指南[M].北京:地质出版社,2000.

[34] 韩煊,李宁,STANDING J R.Peck 公式在我国隧道施工地面变形预测中的适用性分析[J].岩土力学,2007(1):23-28+35.

[35] 王金明.地铁隧道施工引起的地表沉降及变形研究[D].长沙:中南大学,2009.

[36] MORETTO O,PECK R B,ALBERRO J,et al.Deep excavations and tunnelling in soft ground [J].Proceeding of the International Conference on Soil Mechanics and Foundation Engineering,1969,3:311-375.

[37] RANKIN W J.Ground movements resulting from urban tunnelling:Predictions and effects[C]//Proceedings of The 23rd Annual Conference of The Engineering Group of The Geologlcal Society.Engineering Geology of Underground Movements,1988:79-92.

[38] 柳厚祥.地铁隧道盾构施工诱发地层移动机理分析与控制研究[D].西安:西安理工大学,2008.

[39] 中华人民共和国交通运输部.公路沥青路面设计规范:JTG D50—2017[S].2017.

[40] 樊云龙.交通荷载作用下路基响应的分析与研究[D].长沙:中南大学,2008.

[41] 岳爱军,郑健龙,吕松涛.采空区路基路面力学响应分析[J].长安大学学报(自然科学版),2014,34(6):57-63+124.

第 *6* 章

采空区黄土边坡处治技术

河南省省道323线改建项目在建设过程中，不仅面临采空区沉陷带来的路基安全风险，也面临高边坡滑移带来的运营安全风险。该工程地貌属黄土丘陵，地层处于煤矿塌陷区，存在沉降隐患，对道路稳定性影响较大。开展下伏采空区道路边坡稳定处治技术研究，对保证道路施工与运营的安全性、耐久性都具有典型的理论意义和工程价值[1-4]。

6.1 国内外研究进展

我国是世界上黄土分布最广泛的国家之一,黄土面积约为 $64\times10^4\ km^2$。由于黄土厚层堆积、易受降水侵蚀等非水稳特性及其本身的直立特性,形成了特有的地形地貌,如塬、梁、峁等,其顶部地形平坦,边缘为陡直斜坡,且斜坡处于地质演变阶段。这些特征导致了黄土边坡的临空条件比其他岩土边坡更明显,另外由于黄土结构疏松,坡脚极易遭受降水侵蚀,经常会发生自然的退缩与侵蚀破坏,从而引发滑塌、崩塌、边坡失稳破坏等地质灾害。

由于黄土是在特定的气候条件、地理位置和地质构造中堆积形成的,黄土的沉积厚度、地质特征及物理力学性质都表现出明显的差异和变化,这一点是研究黄土的理论基础和前提。目前,黄土边坡研究领域主要包含四个方面:黄土的非线性本构模型;黄土土性参数的不确定性与黄土边坡系统的非线性特征;黄土边坡的破坏机理;黄土边坡稳定性分析理论和方法。

6.1.1 黄土的非线性本构模型

材料本构关系研究的对象包括受力状态、加载历史、加卸载状态、加卸载路径和受其他因素综合影响的应力状态,最后建立起应力状态与应力历史、加卸载状态、加卸载路径及微观结构等诸因素间的函数关系。1927 年,Fellenius 提出了极限平衡方法;1943 年,Terzaghi 等发展了 Fellenius 的理论[5-6];1973 年,Coulomb 提出了关于土体破坏的土压力理论,后来发展为 Mohr-Coulomb 破坏准则;1952 年,Drucker 和 Prager 提出了广义Misses 准则及其理想塑性模型,即 Drucker-Prager 模型,后提出了帽子模型,将硬化理论应用于岩土工程,后来的许多模型均为 Drucker-Prager 关于帽子模型假设的具体化和延伸[7];1958~1963 年,英国剑桥大学的 Roscoe 等,提出了一个比较完善的土体塑性模型,即著名的 Cambridge-Clay 模型,第一次将 Mohr-Coulomb 破坏准则、正交流动法则及加工硬化定律系统地应用于该模型中,将屈服面反映在 p-q-e 三维空间中,提出了土的临界状态和物态边界面等概念,从理论上阐明了岩土弹塑性变形特性,开创了岩土材料的实用模型,成为岩土塑性力学形成的一个重要标志。国内专家也做了大量工作,如南京水利科学研究院的沈珠江提出的两重及三重屈服面模型[8];河海大学的殷宗泽在邓肯(Duncan)模型基础上,提出的可以较好地反映剪缩与剪胀及各种加荷路径影响的双屈服面模型[9]。

目前有关于土体本构关系的数学模型大多数是在室内经典应力路径试验基础上,根据等向强化的假设,由弹性及塑性理论推导得出模型参数而建立。但对于具有开放型大孔隙的天然沉积黄土,其有较强的结构性和遇水湿陷性,并且湿陷变形表现为突发性、不连续性和不可逆性,因此弹-塑本构模型很难模拟出原状结构性黄土的力学特性。工程实践中大部分土体都是非饱和土,如天然黄土、膨胀土和各种残积土,非饱和土是固、液、气组成的三相复合介质,与饱和土相比,其物理性质、有效应力原理、渗透性、剪切强度、变形固结和本构关系更为复杂。由于测试技术的突破,近几年有关非饱和土的强度理论、固结理论与本构关系及孔隙水压力与孔隙气压力的量测等研究领域发展十分迅速。

6.1.2　黄土土性参数的不确定性与黄土边坡系统的非线性特征

黄土边坡系统是开放的非线性系统[10-14],它的本质特征主要表现在:

(1) 黄土具有组成物质多样性、颗粒的差异性与其空间分布的复杂性、矿物成分的空间变异性与结构的多样性等特征;

(2) 黄土土性参数的不确定性和非线性;

(3) 黄土边坡自形成以后,一直处于多种作用下,在此动态过程中,黄土体边坡的变形、损伤、破坏和演化过程包含了互相耦合的多种非线性过程,且多种非线性行为相互耦合会在系统中出现分岔、突变等非线性复杂力学行为,这使得黄土边坡的演化过程变成一个动态的非线性不可逆过程;

(4) 黄土边坡的防护工程规模大、系统复杂,且原始条件和环境信息不确定。

由此可见,黄土边坡工程系统各个因素具有多层次性和多变性,且各因素间是相互作用、相互制约的,黄土边坡工程系统又是一个非线性和动态演化系统,因此,为适应黄土边坡工程的非线性、非连续性、非确定性特征,有必要改变单一的确定性正向分析方法,采用新理论和新方法来研究黄土边坡工程的非线性不可逆过程和非线性本质特征。

6.1.3　黄土边坡的破坏机理

关于黄土边坡的破坏机理,目前还没有一个较为统一的认识,其中,较有代表性的理论有:刘祖典等[15]根据有限元计算结果得出的坡脚应力集中与渐进破坏理论;赵学孟[16]根据工程地质调查结果得出的裂隙破坏理论等。有限元法与工程地质调查法存在一个相同的局限性,即不能直接得到整个破坏过程的信息,两者的结论需要经过模型试验的验证。谢永利等[17]通过离心模型试验直接得到破坏过程的信息,从而直观地分析了黄土边坡破坏机理,得到了黄土边坡设计参数。但是上述研究没有将黄土结构特征、黄土边坡系统的非线性特征和黄土边坡破坏机理有机地结合在一起,也未从理论上系统地阐述黄土边坡破坏的演化过程和作用机理,存在一定的局限性。

6.1.4　黄土边坡稳定性分析理论和方法

对于土质边坡通常采用滑动弧极限平衡的稳定分析方法,在给定滑动弧的条件下,由刚体极限平衡理论计算出边坡的稳定系数,从而做出边坡的稳定性评估和设计。近年来,国内外研究者提出了大量关于土坡稳定分析的新思路与新方法。

1. 边坡稳定性分析理论

1）土坡渐进破坏分析

土力学中的渐进破坏的概念最早由 Terzagghi 于 1936 年提出,但至今描述此过程的理论尚不完善。早期 Skemton、Bjerrm、Bishop 等的研究主要集中在长期荷载下强度丧失的机理与稳定分析时的强度指标取值上;沈珠江认为渐进破坏主要与硬黏土的强度损失有关,并将强度的损失机理归纳为减压软化、剪胀软化和损伤软化三种类型;但也有一些学者,如 Christon、Vaugh、Cavounidis 等,提出蠕变软化的主张,即长期强度问题。虽然边坡的渐进破坏观点早已被人们所接受,但由于数学处理上的困难,如何模拟渐进式破坏的过程却不易实现。

2）边坡大变形有限元分析

土坡渐进破坏分析是基于小变形假设,即假定边坡所发生的位移远小于边坡特征尺寸,如边坡的单元长度,这样就可以不考虑边坡位置和形状的变化,分析中不必区分变形前与变形后的位形。但在实际工程中,有许多不符合小变形假设的问题,例如,软土边坡、基坑边墙、红黏土边坡、高含水量湿陷性黄土边坡等,这些边坡在发生失稳破坏时,会产生相当大的位移或变形,因此,在边坡稳定性分析中必须引入大变形问题的几何非线性分析方法。

3）边坡稳定的可靠度分析

可靠度分析是在确定数学模型的基础上,分析由于参数的变异特性而导致边坡失稳或工程结构失效的概率。可采用一般的统计学运算方法来计算边坡问题的可靠度 β 及相应的失效概率 P_K。可靠度分析包括:研究岩土材料各项参数的变异特征;计算可靠度指标和边坡工程失效概率。

可靠度分析从目标函数最可能数值和变异系数两个方面把握结构的安全度,结构失效概率是通过研究每一个影响因素的变异特征获得的,其分析成果比确定性模型更加合理。但在实际应用中,由于确定岩土的一些力学特征指标(如黏聚力、内摩擦角)带有很多经验成分,如何准确地确定这些参数的均值和标准差成为一个大的难题,这使得可靠度分析在边坡工程中的应用遇到重大阻碍。

4）边坡稳定性分析的非线性理论

20 世纪 70 年代以来,非线性科学逐渐发展起来,提出了耗散结构论、突变理论、协同理论、混沌理论、分形理论及神经网络理论等一系列非线性理论。工程地质学与非线性科学的思想很接近,为非线性科学与工程地质学提供了结合点。目前非线性科学已经逐步应用于工程地质学中,边坡系统分岔、突变、自组织等非线性动力特性的理论研究,以及协同灰色理论、模糊数学等系统科学方法在边坡中的应用,为边坡稳定性研究提供了新途径[18-24]。

2. 边坡稳定性分析方法

边坡稳定性分析与评价是边坡研究的核心内容。在边坡的稳定性分析中,岩土工程领域的研究人员从各自不同的关注重点出发,采用不同方法对边坡稳定性进行研究,概括起来主要分为三类。

1）工程地质比拟法

工程地质比拟法,是建立在长期工程经验积累的基础上,对统计资料进行归纳,然后通过类比法对边坡进行稳定性评价。在黄土边坡的设计缺乏足够的分析资料时,或工作区地质条件异常复杂,无法进行边坡稳定的力学分析和验算的情况下,经常使用工程地质比拟法。工程地质比拟法主要包括演变历史分析法、因素类比法、类型比较法和边坡评分法等。

2）力学验算或力学分析

岩土工程研究领域经常使用的土坡力学验算与分析方法主要有三类:极限平衡法、塑性极限分析法和数值仿真分析(有限元法)。极限平衡法是根据静力平衡原理分析斜坡各种破坏模式下的受力状态,以及利用斜坡体上的抗滑力和下滑力之间的关系来评价斜坡的稳定性,是目前比较常用的方法。塑性极限分析法是以金属塑性理论为基础发展起来的,该方法对上限原理的研究和应用起到了较大的促进作用,但对表达函数约束方程的求解仍比较困难。数值仿真分析(有限元法)全面满足了静力许可、应变相容和应力-应变本构关系,可以不受边坡几何形状不规则和材料不均匀性的限制。利用仿真技术能够模拟边坡的失稳过程和滑裂面的发生部位(滑裂面大致发生于水平位移突变部位与塑性变形发展严重的部位),还可以分析边坡的变形破坏机制和最易发生屈服破坏的部位,模拟土体与支挡结构的共同作用,探索非均质复杂结构边坡的不同破坏支配机制。

3）物理模拟(离心模型试验)

岩土边坡工程中,岩土体的自重是影响工程形态的主要因素。由于土工离心模拟研究的对象是土工结构物的整体,其受力条件与原型相同,满足了岩土力学模型中应力相等与应力状态相同的关键条件,土工离心模拟技术能描述岩土体的应力与变形的变化过程和内在机理,可以为某些理论和工程设计中的关键技术参数提供非常有用的数据资料;用模型试验的结果验证理论,并可对推荐方案进行校核性质离心模型试验,可以为理论研究提供线索,揭示岩土工程结构物的应力变化及变形、破坏过程等作用机理。

6.2　工程概况

6.2.1　边坡地质条件

依据《中国地震动参数区划图》[25]、《建筑抗震设计规范》[26],本书涉及项目抗震烈度分为两个区：新密境内至登封境内（K0+000～K47+000）为 7 度，相当于地震基本烈度 VII 度，场地地震动峰值加速度为 0.10 g；登封境内（K47+000～终点）为 6 度，相当于地震基本烈度 VI 度，场地地震动峰值加速度为 0.05 g。

据水质分析资料，SO_4^{2-} 浓度为 64.84～388.08 mg/L，pH 为 8.05～9.17，侵蚀性 CO_3^{2-} 含量为 10 mg/L，HCO_3^- 浓度为 205.03～393.65 mg/L，Cl^- 浓度为 56.72～143.41 mg/L，依据《公路工程地质勘查规范》[27]，评价得到地下水对混凝土结构具有弱腐蚀性，对钢筋混凝土结构中的钢筋具有弱腐蚀性。

各段边坡具体地质条件如下：

K28+127～K28+300 段左侧边坡，该段上部 0～8 m 为黄土状粉质黏土，黄褐色，可硬塑，韧性中等；8～8.8 m 为卵石夹粉质黏土，浅灰色、杂色，稍湿，密实，主要以黏性土充填；8.8～34 m 为强风化泥岩，浅灰色、黄灰色，强风化，泥质结构，层状构造，管芯较为破碎，多层碎块状，块径 5～8 cm；34～40.0 m 为中风化泥岩，浅灰白色，中风化细粒结构，层状构造，岩心呈柱状，一般长度 8～22 cm，锤击不易碎。

K28+127～K28+270 段右侧边坡，该段上部 0～2.9 m 为黄土状粉质黏土，黄褐色，可硬塑，韧性中等；2.9～10.1 m 为卵石夹粉质黏土，浅灰色、杂色，稍湿，密实，主要以黏性土充填；10.1～33.3 m 为强风化泥岩，浅灰色、黄灰色，强风化，泥质结构，层状构造，管芯较为破碎，多层碎块状，块径 5～8 cm；33.3～36.7 m 为中风化泥岩，浅灰白色，中风化细粒结构，层状构造，岩心呈柱状，一般长度 8～22 cm，锤击不易碎。

K28+550～K28+750 段左侧边坡，该段上部 0～14.0 m 为黄土状粉质黏土，黄褐色，可硬塑，韧性中等，干强度中等；14.0～30.0 m 为卵石夹粉质黏土，浅灰色，杂色，稍湿，密实，主要以黏性土充填，卵石原岩成分以砂岩为主，灰岩次之，形状以亚圆状、次棱角为主。

K28+565～K28+635 段右侧边坡，该段上部 0～14.0 m 为黄土状粉质黏土，黄褐色，可硬塑，韧性中等，干强度中等；14.0～30.0 m 为卵石夹粉质黏土，浅灰色，杂色，稍湿，密实，主要以黏性土充填，卵石原岩成分以砂岩为主，灰岩次之，形状以亚圆状、次棱角为主。

同时，K26+460～K35+000 段沿线富含大量轻微湿陷性黄土，根据地区经验，该黄土状粉质黏土的湿陷性土层厚度不会超过 10 m。

6.2.2　高边坡特征

根据道路规划设计结果，K28+127～K28+300 段左侧边坡、K28+127～K28+270 段右侧边坡、K28+550～K28+750 段左侧边坡、K28+565～K28+635 段右侧边坡等部位存在最大高度为 25.027～33.144 m 不等的高边坡，典型边坡的地理区位图、典型边坡立面图分别如图 6.1 和图 6.2 所示；后续计算分析选取的典型边坡设计剖面（K28+612 剖面和 K28+198.7 剖面）图如图 6.3 和图 6.4 所示。

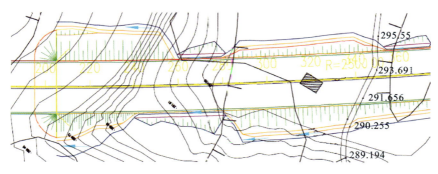

图 6.1 典型边坡的地理区位图

高程单位:m

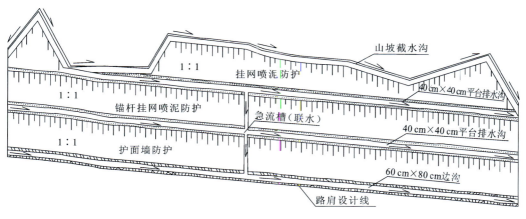

图 6.2 典型边坡立面图

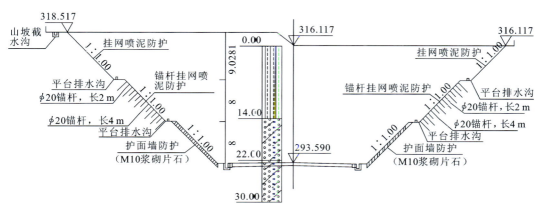

图 6.3 典型边坡 K28+612 剖面

高程单位:m

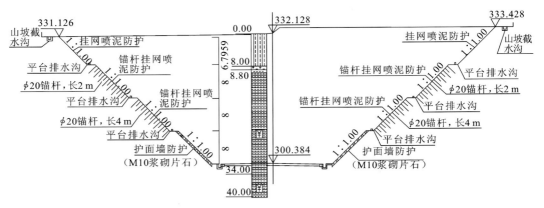

图 6.4　典型边坡 K28+198.7 剖面图

高程单位：m

考虑边坡剖面高度、地层特点和地理区位等因素，结合同类边坡的稳定性分析与主动防护处治技术的研究工作，本书拟解决以下三个问题：

（1）高边坡的稳定性分析计算；

（2）黄土状粉质黏土边坡的主动防护处治技术研究；

（3）卵石及强风化泥岩边坡的主动防护处治技术研究。

通过实地调研、研究资料分析、经验比较分析和数值计算等途径，分别对上述问题进行研究，以指导后续工作的进行。

6.3　高边坡稳定性分析计算

常用的边坡稳定性分析与评价的方法主要有：地质分析法（又称历史成因分析法）、力学计算法、工程地质类比法、数值计算法、极限平衡法等。常用的方法分为两大类，一类是定性分析法，另一类是定量分析法。

定性分析法主要考虑影响边坡稳定性的主要因素、失稳的力学机制、变形破坏的可能方式及工程的综合功能等，对边坡的成因与演化历史进行分析，以此评价边坡稳定状况及发展趋势，主要包括地质分析法、工程地质类比法和边坡稳定专家系统。其中应用较多的是地质分析法与工程地质类比法，边坡稳定专家系统是在工程地质类比法的基础上，收集许多边坡稳定性分析成果，然后建立起来的数据软件系统，目标是为一般的工程技术人员在解决工程地质问题时像经验丰富的专家一样，给出比较正确的判断并做出结论，但区域地质条件的差异使得该系统发挥的作用十分有限。地质分析法是根据边坡的地形地貌形态、地质条件和边坡变形破坏的基本规律，追溯边坡演变的整个过程，预测边坡稳定性发展的总趋势及其破坏方式，从而对边坡的稳定性做出评价，对已发生过滑坡的边坡，则判断其能否复活或转化。工程地质类比法是把已有的自然边坡或人工边坡的研究设计经验应用到条件相似的新边坡中,需要对已有边坡进行详细的调查研究,全面分析工程地质因素的相似性和差异性,分析影响边坡变形发展的主导因素的相似性和差异性,同时,还应考虑工程的类别、等级及其对边坡的特殊要求等。

定量分析法,其实是一种半定量的方法,因为拟定的地层特性、土层参数与真实存在一定的差异性和离散性,虽然评价结果是确定的数值,但最终判定仍需依赖人的工程经验,并通过监测手段对实施结果进行控制和反馈。目前,常用的定量分析法有极限平衡法、数值计算法等,其中以 Mohr-Coulomb 抗剪强度理论为基础的极限平衡法在工程中应用最广泛,包括条分法、圆弧法、Bishop 法、Janbu 法等[28-32]。数值计算法包括有限单元法(FEM)、边界单元法(BEM)和离散元法(DEM)等[33-36]。数值计算法能够接近实际,从应力-应变分析边坡的变形破坏机制,对了解边坡的应力分布与应变位移变化很有利,但不足之处在于数据准备工作量大,原始数据容易出错,不能保证整个区域内某些物理量的连续性,对于土层等离散性较强的介质精确度较差,对混凝土等均匀性介质应用效果较好。

因此,基于上述分析,本书在进行边坡稳定性分析与评价时,考虑了地震作用,选用地质分析法、极限平衡法和数值计算法对边坡的稳定性进行分析与评价。

6.3.1 地质分析法

工程所在场地属于黄土丘陵沉积地貌区,地形为丘陵低山,表层为湿陷性黄土状粉质黏土覆盖,厚薄不均,形成年代均为第四纪晚更新世,距今 2.5～4.0 万年,沉积时间久远,存在大量孤立且高差较大的黄土柱和黄土丘陵,表明该层土体的土质结构相对稳定。由此推断,项目 14 m 深度范围以内的原状粉质黏土边坡,在不承受外部荷载和适当放坡的前提下,边坡自立性是安全的,影响边坡稳定性的主要因素是雨水冲刷及雨水下渗,易造成边坡的局部坍塌和整体滑塌。当作为永久性边坡时,需要对边坡进行必要的防护加固处理,以增强边坡的稳定性。

卵石夹粉质黏土层的形成年代更早,冲积形成的概率较高,水力搬运作用明显,这与下部泥岩结构组成成分差异较大,不可能为层岩风化形成。但其自身的密实程度和自立性较强,可划分为超固结土,主要原因是其上覆黄土状粉质黏土受大气作用明显,发生逐步侵蚀破坏,以至于现状土体厚度分布不均。

下部泥岩,沉积年代距今 250 万年左右,风化程度相对较低,但风化深度相对较深,在不受边坡开挖扰动破坏的前提下,泥岩自身的结构稳定是可靠的。

由上述三种典型地层单元构成的边坡组合,从地质成因分析的角度看,均具有良好的自立稳定性。因此在人为改造边坡形状的过程中,只需将边坡的坡度控制在安全放坡区域内,不采取其他加固手段即可保证边坡稳定。

6.3.2 边坡稳定的通用算法分析

采用极限平衡理论进行边坡的稳定性计算,计算过程中同时考虑地震作用与地层倾斜作用,并自动搜索最危险滑裂面。具体土层参数取值见表 6.1,以抗震滑动安全系数不小于 1.1 为边坡稳定判断的标准。

表 6.1　计算土层参数表

土层名称	重度/(kN/m³)	黏聚力/kPa	内摩擦角/(°)	与锚固体摩擦阻力/kPa
黄土状粉质黏土	17.8	19	23	55
卵石粉质黏土	21.2	16	33	90
强风化泥岩	22.0	60	20	100
中风化泥岩	22.5	70	26	110

　　计算过程中,边坡土层厚度根据岩土工程勘察报告提供的柱状图选取,同时按不利工况适当控制土层倾角,此外强风化泥岩、中风化泥岩的黏聚力、内摩擦角均为经验取值。先迭代计算自动搜索最危险滑裂面,然后在此工况下,进一步推算边坡稳定性,K28+612和 K28+198.7 自动搜索的最危险滑裂面如图 6.5 和图 6.6 所示。其中 K28+612 左侧(增加锚杆)边坡滑裂面计算剖面图如图 6.7 所示。

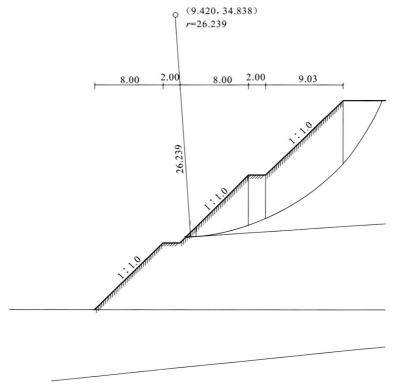

图 6.5　K28+612 左侧边坡滑裂面计算剖面图
单位:m

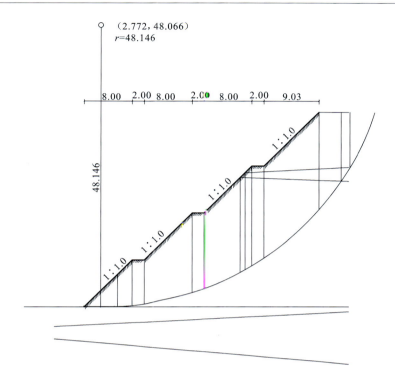

图 6.6　K28+198.7 左侧边坡滑裂面计算剖面图

单位:m

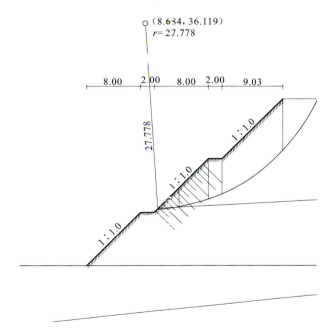

图 6.7　K28+612 左侧(增加锚杆)边坡滑裂面计算剖面图

单位:m

典型高边坡抗震工况下的稳定性计算结果见表 6.2。

表 6.2 典型高边坡抗震工况下的稳定性计算结果

边坡位置	边坡高度/m	稳定性计算结果	规范要求值
K28＋612 左侧(未加锚杆)	25.027	1.109	1.1
K28＋612 右侧	22.725	1.200	1.1
K28＋198.7 左侧	33.144	1.140	1.1
K28＋198.7 右侧	30.842	1.154	1.1
K28＋612 左侧(增加锚杆)	25.027	1.140	1.1

由表 6.2 中数据可以看出,地质分析法得出的初步判断是合理的,通过多次试算比较,可以得出以下结论。

(1) 表层黄土状粉质黏土地层的黏聚力、内摩擦角对边坡整体稳定影响较大,尤其是该地层决定了上部边坡的稳定,也是对水相对敏感的土层。

(2) 适当调整卵石夹粉质黏土地层的倾角对边坡稳定影响较小,这与该层土的历史成因有很大关系,正是该层土的自身结构性稳定决定了高边坡的整体稳定。

(3) 锚杆的设置对控制边坡稳定有一定贡献,可通过调整锚杆的平面布置、长度和孔径等参数来控制边坡的整体稳定。为对比分析锚杆的影响,本次对比计算分析了原设计中的 K28＋612 左侧边坡部位增加了长短交替布置的锚杆前后的计算结果,表明增加锚杆对边坡的稳定性有一定贡献,贡献的大小与锚杆的设置方式有十分紧密的联系。

(4) 强、中风化泥岩边坡的自身稳定性较好,避免其遭受风化作用的进一步发展是加强和控制边坡稳定的有效途径。

(5) 随着边坡高度的增加,其破坏形势更倾向于深层滑动,这与边坡高度增加后的下滑土体自重应力显著增加有关。

(6) 在同样的地层条件下,高边坡的抗滑移稳定性计算安全系数也相对较小。

(7) 通过算法分析,在 K28＋612 左侧边坡增加锚杆的情况下,以上四个典型高边坡的整体安全稳定性均可满足规范要求。

6.3.3 边坡稳定的数值计算分析

在算法分析的基础上,本书采用 PLAXIS 软件对边坡进行相应的分析计算,针对 K28＋612 部位 25.027 m 高边坡增加锚杆前后两种不同的工况进行数值计算,增加锚杆前后的建模及变形的网格对比图如图 6.8 所示,总位移云图对比图和应力分布曲线对比图如图 6.9 和图 6.10 所示。

PLAXIS 数值计算结果虽然不能直接得出相应的安全系数,却可以将边坡的应力-应变、位移等显示出来。通过数值计算结果的应力集中现象来判断边坡的稳定和潜在滑移面,与通用算法有一定的相似性,也和经验判断的结果相近,这表明三种分析方法均有其

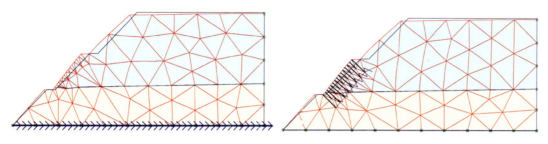

图 6.8　K28+612 左侧边坡增加锚杆前后建模及变形的网格对比图

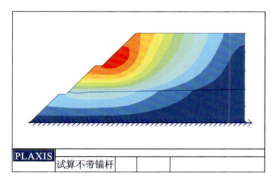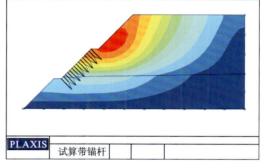

图 6.9　K28+612 左侧边坡增加锚杆前后计算总位移云图对比图

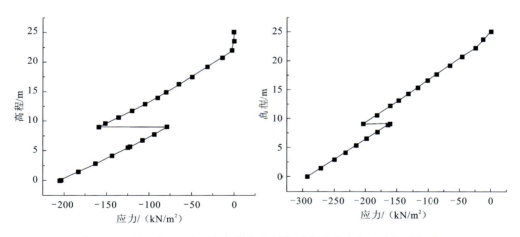

图 6.10　K28+612 左侧边坡增加锚杆前后高程应力分布曲线对比图

合理性。从图 6.9 中可知,右图增加的锚杆较短,仍不足以改变边坡的整体应力分布,仅可调节局部应力分布,相关调整的幅度可从图 6.10 中的应力高程分布图看出。

采用上述三种分析方法从不同的角度对边坡稳定性进行了分析,发挥其各自优势,取长补短,可以更加全面准确地分析判断边坡的稳定性。

6.4　高边坡主动防护技术

　　边坡的主动防护技术,是针对岩质边坡的防护处治技术,以覆盖包裹所需防护斜坡或岩石上,以限制坡面岩石土体的风化剥落或破坏以及危岩崩塌(加固作用),或将落石控制于一定范围内运动(围护作用),保护边坡下部的通行能力。

　　通常认为支挡工程的应用是解决危岩滑坡等地质灾害最有效、最直接的方法,但随着人们环保意识的不断增强,对于公路边坡美观、绿色、安全的要求越来越高,浆砌片石护坡、岩面挂网喷浆防护、客土喷播植草防护等传统工艺不再是最好的选择。在这种情况下,柔性防护技术出现,根据防护原理的不同,又分为柔性主动防护和柔性被动防护[37]。

　　不同于柔性被动防护技术缓冲拦截的防护思想,在柔性主动防护技术中,基于钢丝绳网、铁丝格栅、钢丝格栅等材料的防护手段已经规格化,可直接投入使用,其作用原理类似喷锚和土钉墙等面层护坡体系,但因其柔性特征能使系统将局部集中荷载向四周均匀传递以充分发挥整个系统的防护能力,即局部受载—整体作用,从而使系统能承受较大的荷载并降低单根锚杆的锚固力要求。此外,由于系统的开放性,地下水可以自由排泄,避免了因地下水压力升高而引起边坡的失稳。在本书所涉及的边坡特征中,不存在地下水对边坡的影响。典型的柔性主动防护设置剖面示意图如图 6.11 所示。

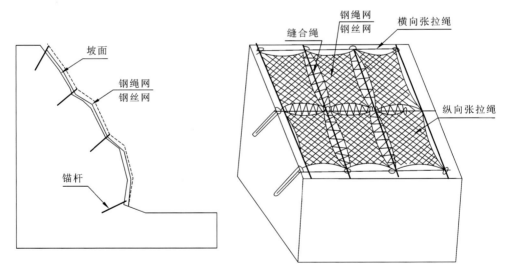

图 6.11　柔性主动防护设置剖面示意图

　　结合本书的研究背景和边坡所处的地层特点,高边坡主动防护技术可分为黄土状粉质黏土边坡主动防护处治技术、卵石及强风化泥岩边坡主动防护处治技术两种。

6.4.1 黄土状粉质黏土边坡主动防护

结合研究背景,本场地的黄土状粉质黏土边坡的最大特点是自立性较好,但湿陷性是其不能忽视的缺陷。因此,对黄土状粉质黏土边坡的稳定性和主动防护处治技术而言,首要目标是控制湿陷性因素带来的不利影响,其次是控制整个项目的工程造价。

该类土的特点为土质较均匀、结构疏松、孔隙率大和含水量低。在未被水浸湿时,一般强度较高,压缩性较小;当在一定压力下被水浸湿,土体结构会迅速破坏,即表现出湿陷性特征。若作为地基土层,会产生较大的附加下沉,危害结构稳定;若作为边坡土体,则表现为边坡裂缝及滑塌,这与其是在干旱或半干旱气候条件下形成的历史环境有直接关系。作为边坡土体时,湿陷性黄土的常规处理方法均难以取得理想效果,喷锚支护技术依然是黄土状粉质黏土边坡主动防护处治技术的首选。得益于其构造特点,较薄的喷射混凝土面层和锚杆组成的结构体系,不但控制了边坡的暴露时间,而且通过锚杆使得面层与边坡体系的应力传递更加均匀合理,另外还能防止已处于稳定状态的边坡遭受侵蚀和冻融破坏。

喷锚支护被广泛应用于边坡防护工程,多用于临时边坡支护结构,也有作为永久性边坡支护结构的成功案例[38]。当其应用于黄土状粉质黏土边坡的永久性主动防护处治时,喷射面层是该技术最薄弱的环节,该面层利用压缩空气或其他动力,把拌制的混凝土混合物沿管路输送至喷头处,以较高的速度垂直喷射于边坡表面,依赖喷射过程中水泥与骨料的连续撞击,压密而形成连续片状的混凝土结构。因喷射过程由人工完成,随机性较大,面层存在贯穿性通道的概率较高,如图 6.12 所示,为边坡局部渗漏后喷射混凝土面层的直观表现。此外,喷射面层硬化过程中的失水干裂,也是影响面层透水性能的关键因素之一,如图 6.13 所示。因此,在实际工程中控制好面层的透水性能极为重要。

图 6.12　喷射混凝土面层局部渗漏实景图　　　　图 6.13　喷射混凝土面层失水干裂实景图

通过对喷锚支护原理、结构特点、施工工艺及研究背景等方面的研究分析,得出黄土状粉质黏土边坡的主动防护处治技术中,控制喷射面层的透水性能的最佳途径是在常规施工工艺中增加一个面层处理环节,即表面压实收光处理。该技术工艺原来针对室内装饰工程中的混凝土或水泥砂浆面层在初凝后至终凝前的这段时间,采用铁抹子侧转一定角度反复进行抹压,使面层表面密实光洁,其主要作用是消除混凝土表面缺陷,防止产生塑性收缩裂缝。将其引入边坡主动防护处治技术中,操作方便,对工程造价影响较小,能很好地阻隔喷射面层的渗透通道及增强抗冻融循环能力,对提高黄土状粉质黏土边坡的稳定性和耐久性起到关键作用。喷射面层表面压浆收光处理过程如图 6.14 所示,施工现场的喷锚支护如图 6.15 所示。

图 6.14　喷射面层表面压浆收光处理实景图　　　　图 6.15　施工现场的喷锚支护图

6.4.2　卵石及强风化泥岩边坡主动防护

　　边坡下部地层单元以卵石夹粉质黏土、强风化泥岩为主,两者共同特点是自身结构相对稳定,缺点是前者的填充物或夹层粉质黏土对雨水冲刷较为敏感,冲刷作用逐步清空卵石间的填充物质后,将改变边坡的应力分布,进而诱发滑坡;后者结构裂隙的存在,也存在被冲刷和进一步侵蚀母岩的风险。

　　在上部黄土状粉质黏土边坡采取有效的主动防护处治措施之后,下部卵石夹粉质黏土、强风化泥岩边坡只需对边坡侧壁一定范围内的缝隙进行胶结封闭处理,一方面可进一步增加边坡的稳定性,另一方面也能增强其抵抗侵蚀的能力。

　　裂隙封闭处理的常规方法是使用水泥类材料的高压注浆技术,浆液流动性强,凝固速度慢,该技术对大范围内的裂隙整治效果明显,但是如果要将注浆范围限制在一定区域时,浆液流动会难以控制。经过技术比较,高聚物注浆技术可作为最佳选择,能满足该地层注浆的相关要求。高聚物注浆技术 20 世纪 70 年代发源于芬兰,初期主要用于工业及民用建筑地基加固,经过近年来的发展和完善,该技术已逐步推广应用于 60 多个国家和地区,应用范围由地基加固拓展到了道路、机场等基础设施的维修加固,并成为国际上的研究热点和难点[39]。

　　该材料由异氰酸酯组分和多元醇组分聚合反应生成,其中异氰酸酯组分主要成分为多亚甲基多苯基多异氰酸酯,多元醇组分主要以聚醚多元醇和聚酯多元醇为基础,添加发泡剂、匀泡剂、催化剂、阻燃剂等各种助剂均匀混合而成,并按照一定配比,向病害处治区内注射双组分高聚物液体材料,材料迅速发生反应后体积膨胀并形成泡沫状固体,达到快速填充脱空、加固结构、防渗堵漏、抬升等目的。该材料的主要技术性能特点包括高膨胀、早强、轻质、耐久、环保等。虽然广泛应用于地基基础工程领域,但该材料在边坡处治防护技术中的应用还未展开相关的研究工作。

　　结合本边坡的特点及前期高聚物注浆技术的研究成果,采用高聚物注浆技术对卵石夹粉质黏土、强风化泥岩边坡浅层区域进行注浆封闭,理论上和技术上是可实现的。高聚物注浆技术在层状地层体系、卵石层中的研究应用实例分别如图 6.16 和图 6.17 所示。

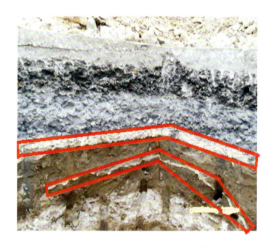

图 6.16　高聚物注浆在层状地层体系中的
应用(红色区域)

图 6.17　高聚物注浆在卵石层中的应用

　　将高聚物注浆技术的上述应用区域进行有机整合,在理论计算和工艺上进行相应调整,即可实现该技术在卵石及强风化泥岩边坡主动防护处治技术的新突破。有针对性的主动防护边坡设计剖面图如图 6.18 和图 6.19 所示。

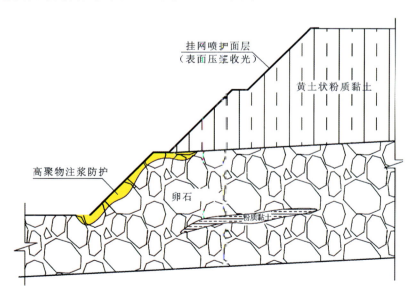

图 6.18　K28+612 左侧边坡柔性主动防护设计剖面示意图

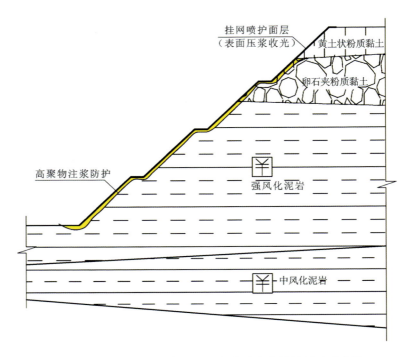

图 6.19　K28+198.7 左侧边坡柔性主动防护设计剖面示意图

通过边坡稳定处治技术的应用与分析得出以下结论。

（1）基于边坡稳定性分析研究，在安全的放坡条件下，由黄土状粉质黏土、卵石夹粉质黏土及强风化泥岩共同构成的高边坡稳定性是有保证的。

（2）在最不利于边坡稳定性和耐久性的因素中，外因是雨水、冻融等自然作用，内因是黄土状粉质黏土的湿陷性、卵石夹粉质黏土及强风化泥岩中的孔隙，严格控制最不利因素，是实现边坡稳定性主动防护处治技术的关键。

（3）在边坡主动防护技术中，设计的喷锚支护结构经济可靠，存在的缺陷是喷射混凝土面层的可透水性。

（4）改进喷射混凝土面层施工工艺和引入高聚物注浆技术，是边坡主动防护技术中创新性的突破，也可延长永久性边坡的使用寿命，为以后同类项目的施工提供了指导依据。

参 考 文 献

［1］HOEK E,BRAY J W. Rock Slope Engineering［M］. 3rd ed. London：Institute of Mining and Metallurgy,1981.

［2］陈祖煜,汪小刚,杨健,等.岩质边坡稳定性分析——原理.方法.程序［M］.北京：中国水利水电出版社,2005.

[3] 徐卫亚.边坡及滑坡环境岩石力学与工程研究[M].北京:中国环境科学出版社,2000.

[4] 胡世起.高边坡复合堆积体稳定性评价及基础处理[J].岩石力学与工程学报,2006(2):345-349.

[5] DUNCAN J M. State of the art:limit equilibrium and finite-element analysis of slopes[J]. Journal of Geotechnical Engineering,1996,122(7):577-596.

[6] 方玉树.边坡稳定性分析条分法最小解研究[J].岩土工程学报,2008(3):331-335.

[7] CAROSIO A,WILLAM K,ETSE G. On the consistency of visoplastic formulations[J]. International Journal of Solids and Structures,2000.

[8] 沈珠江,刘恩龙,陈铁林.岩土二元介质模型的一般应力应变关系[J].岩土工程学报,2005(5):489-494.

[9] 殷宗泽.一个土体的双屈服面应力-应变模型[J].岩土工程学报,1988(4):64-71.

[10] 张常亮,李萍,陶福平,等.黄土强度指标对边坡稳定性的影响研究[J].公路交通科技,2011,28(3):20-24.

[11] 李萍,王秉纲,李同录,等.陕西地区黄土路堑高边坡可靠度研究[J].中国公路学报,2009,22(6):18-25.

[12] 李萍,王秉纲,李同录.自然类比法在黄土路堑边坡设计中的应用研究[J].公路交通科技,2009,26(2):1-5.

[13] 李典庆,吴帅兵.考虑时间效应的滑坡风险评估和管理[J].岩土力学,2006(12):2239-2245,2249.

[14] 谢全敏,边翔,夏元友.滑坡灾害风险评价的系统分析[J].岩土力学,2005(1):71-74.

[15] 刘祖典,党发宁,胡再强.黄土湿陷变形量计算方法的改进[J].岩土工程技术,2001(3):138-141.

[16] 赵学孟.黄土路堑边坡稳定性的初步研究[J].同济大学学报,1957(2):99-110.

[17] 谢永利,胡晋川,王文生.黄土公路路堑边坡稳定性状离心模型试验[J].中国公路学报,2009,22(5):1-7.

[18] 董璞,刘金龙,李亮辉.强度折减有限元法分析边坡稳定性的精度探讨[J].四川建筑科学研究,2009,35(2):146-150.

[19] 张丹青,王文生.黄土高堑坡稳定与防护的最佳坡形研究[J].铁道勘察,2008(5):54-58.

[20] 林杭,曹平,赵延林,等.强度折减法在 Hoek-Brown 准则中的应用[J].中南大学学报(自然科学版),2007(6):1219-1224.

[21] 张业民,韦东.突变理论在生态工程护坡中的应用[J].辽宁工学院学报,2007(6):380-383.

[22] 徐卫亚,肖武.基于强度折减和重度增加的边坡破坏判据研究[J].岩土力学,2007(3):505-511.

[23] 孙强,刘天霸,秦四清,等.斜坡失稳的燕尾突变模型[J].工程地质学报,2006(6):852-855.

[24] 沙爱民,陈开圣.压实黄土的湿陷性与微观结构的关系[J].长安大学学报(自然科学版),2006(4):1-4.

[25] 中国地震动参数区划图:GB 18306—2015[S].

[26] 建筑抗震设计规范:GB5 0011—2010[S].

[27] 公路工程地质勘查规范:JTGC20—2011[S].

[28] BISHOP A W. The use of the slip circle in the stability analysis of slopes[J]. Geotechnique,2015,5(1):7-17.

[29] FELLENIUS W. Calculation of the stability of earth dams[C]//Transactions of the 2nd International Congress on Large Dams Washington D. C. 1936,4:445.

[30] JANBU N. Slope Stability Computations[M]. New York:John Wiley and Sons,1973:47-86.

[31] SARMA S K. Stability analysis of embankments and slopes[J]. J. of Geotech. engrg. div. asce,1973,

105(GT12):1511.

[32] MORGERNSTERN N R,PRICE V E. The analysis of the stability of general slip surfaces[J]. Geotechnique,1965,15(1):79-93.

[33] 赵尚毅,时卫民,郑颖人.边坡稳定性分析的有限元法[J].地下空间,2001(S1):450-454+589.

[34] 谭文辉,蔡美峰.边坡工程研究中的新理论和新方法评述[J].有色金属(矿山部分),2001(1):31-35+18.

[35] 许瑾,郑书英.边界元法分析边坡动态稳定性[J].西北建筑工程学院学报(自然科学版),2000(4):72-75.

[36] 胡柳青,李夕兵,温世游.边坡稳定性研究及其发展趋势[J].矿业研究与开发,2000(5):7-8+27.

[37] 应文亮.主动和被动柔性防护网在某边坡的应用[J].山西建筑,2016,42(32):93-94.

[38] 杨玉川,杨兴国,邢会歌,等.基于传压原理的喷锚支护边坡稳定性分析方法[J].中国农村水利水电,2014(11):101-104+108.

[39] 李梦媛.高聚物注浆技术在高速公路养护工程中的应用[D].合肥:合肥工业大学,2015.

第 7 章

下伏采空区路基沉降监测技术

    我国每年形成数以百万立方米的采空区，其中大多数采空区未能得到有效的治理。采空区打破了地下原岩应力的平衡，形成的围岩变形传至地表，产生扭曲、变形、开裂甚至塌陷等地质灾害，对地上建筑和人员生命财产安全构成了巨大的威胁。因此，对采空区引起地表变形监测研究具有非常重要的现实意义。本章主要研究下伏采空区公路的沉降变形监测技术，结合河南省省道 323 线新密关口至登封张庄段改建工程，经过实地勘测和分析，采用经济高效、切实可行的监测方案。

7.1　国内外研究进展

近年来,国内外诸多学者就采空区的探测、稳定性评价、治理和监控技术等几个主要方面进行了较为深入的研究[1],积累了丰富的资料,取得了一定的成果,并在实际工程中发挥了重要作用。但是在下伏采空区条件下的线性道路修筑监测技术尚不成熟,采空区公路地基处理和路基变形问题在国内外都属于一个较新的研究课题。

7.1.1　下伏采空区路基变形监测

变形与稳定性问题是采空区上方道路稳定运营的主要问题,国内外对采空区变形规律的研究主要采用理论分析方法、模型试验方法、数值分析方法和现场监测试验方法。尽管国内外很早就开展了对采空区地表变形计算的研究,但是由于采空区地质环境复杂多变,目前仍未建立起一种合理的有关地表变形的计算模型。现场监测试验方法作为研究采空区变形与稳定性的一种比较传统的方法,具有很高的可靠度和特定工程的适用性,其通过现场监测数据的整理分析,来研究评价采空区的变形与稳定性问题。近些年采空区变形现场监测试验方面的研究开展引起了广大科学技术人员的广泛重视,取得了一定成果。

王正晓等[2]介绍了焦晋高速公路采空区变形监测的技术方法,并深入分析了变形监测数据、变形发生和突变的原因,以此说明变形监测在高速公路建设中的重要意义;王万顺等[3]以焦晋高速公路采空区为研究对象,一定程度上解决了在采空区顶板以上岩层分层沉降变形观测中遇到的技术方面的难题;陈文涛[4]以山西省某高速公路穿越的煤矿采空区为依托,对高速公路下伏采空区变形监测技术进行了探讨;张冠军[5]依托太中银铁路沿线某采空区的变形监测项目,就铁路建设中采空区变形监测的布设、数据采集和数据处理等方面进行了一定的探讨;陶雪芬等[6]分析了某矿区采空区现状与地压活动现象,建立了三套监测方案,通过对比发现,以多通道声发射连续监测为主,并辅以单通道智能声发射监测的地压监测方案能够较好地满足安全监控的相关要求;晋海龙等[7]用优化理论分析了相关采空区的变形监测数据,并将三次线性拟合的结果与之加以对比,由此提出采用模型与三次线性拟合相结合的方法对采空区的变形进行分析研究;路明等[8]依托某铁路路基大型采空区的处理工程,对处理后的采空区路基变形进行现场监测,依据监测结果进行变形分析;贺跃光等[9]分析了采空区上方高速公路路基路面破坏的5个指标,即沉降、倾斜、水平位移、水平移动、曲率,以及5个指标之间的定量表达式,提出了适合采空区上方高速公路路基、桥墩等允许变形的控制指标;贾向前[10]通过万家寨引黄工程北干线煤矿采空区项目,使用静态全球定位系统(Global Positioning System,GPS)和数字水准仪器,进行了近十年的变形监测,给采空区稳定性评价提供了可靠的数据支持,为同类采空区变形监测提供了借鉴。

7.1.2　路基沉降监测与预测

　　公路工程沉降变形监测范围包括路基、桥涵、隧道和过渡段。其中路基沉降的监测以路基面沉降观测、路基基底沉降观测和路基本体沉降观测等为主。国内外公路路基沉降变形观测主要采用的观测方法有沉降观测桩法、沉降板(杯)法、单(多)点位移计法、剖面沉降法、分层沉降法和静力水准仪等方法。

　　国内外基于实测数据的路基沉降预测方法研究由来已久,其通常采用的方法有曲线拟合法、灰色预测法、BP 神经网络法和遗传算法等[11]。

　　曲线拟合法[12]主要包括指数曲线法、双曲线法、泊松曲线法和 Asaoka 法等。灰色预测模型 GM(1,1)[13]是由我国学者邓聚龙首次提出的,其基本思路是将没有规律的数据列作相关变换后变成相对有规律的数列。BP 神经网络法[14]适合用于处理非线性问题。地基沉降影响因数较多,很难用一个具体的解析方程来表达其变化规律,BP 神经网络法恰好能够解决这类非线性问题,其对于软土路基沉降预测尤为适用。遗传算法[15]是一种简单、实用、高效的新型计算方法,其在解决复杂的最优化问题方面具有其独特的优越性,应用前景十分广阔。

　　余闯等[16]基于土体应力-应变关系,证明了路基在采用线性或近似线性加载的条件下,其沉降历时曲线大致呈反"S"形,并由此建立了沉降预测的模型,用该模型预测某路堤工程的沉降,预测结果表明该模型具有其合理性;王东耀等[17]建立了一种适合于高速公路软土地基最终沉降预测的新模型——范例推理方法,采用该方法预测了多条高速公路软基的沉降,研究结果表明,预测值与实际观测值较为一致,该模型可应用于类似软土地基的沉降预测;赵明华等[18]在分析线性或近似线性加载过程中路基沉降与曲线特征的基础上,提出应用模型预测路基的沉降,将该模型应用于某高速公路路基沉降预测,结果表明该模型能够取得较好的预测效果;闫宏业等[19]提出了一种加权的修正双曲线法,并用该方法预测高速铁路路基沉降,结果表明,修正后的模型预测精度相对较高,预测值与实测值更为吻合;刘寒冰等[20]为克服传统灰色模型背景值取值存在的误差,对数据列进行了一次非线性变换后建立了背景值计算的新公式,由此提出了优化后的灰色模型,研究结果表明,此种模型应用于沉降预测能够取得更佳的预测效果;薛文勋等[21]根据某高速公路采空区路段的实测沉降数据,建立了沉降最大断面处的双曲线和灰色沉降预测模型,将沉降预测值与实测值进行对比分析,结果表明双曲线预测模型效果较好。

　　以上对于路基沉降预测的研究均为正常或特殊软地基情况下的路基变形监测,针对下伏采空区道路路基的沉降预测尚不多见。鉴于采空区地质条件复杂,如位置、采深、形状及类型等变化多样,尤其当采空区处于无规则、无规划的随意开采状况,同时,采空区是否稳定或存在持续开采行为等均是未知因素,所以下伏采空区路基沉降变形预测不适合建立严密推演模型,而应建立统一的数学预测模型,依靠实际观察数据,采用模糊统计的方法更能适应采空区地质条件下的沉降变形预测。

<h1 style="text-align:center">7.2　工　程　实　例</h1>

7.2.1　工程概况

省道 323 线位于河南省郑州市以南,是连接郑州市南部城市的交通干线之一。改建工程始于新郑市与新密市交界处关口村东,穿过新密苟堂镇、超化镇、平陌镇和登封市大冶镇、告成镇、东华镇、大金店镇、石道乡、君召乡,至颍阳镇张庄西侧登封市与伊川市的交界处。路线全长 85.571 km,其中新密市境内全长 26.533 km,登封市境内全长 59.038 km,采用双向四车道一级公路标准建设,路基宽 24.5 m,设计时速为 80 km/h。图 7.1 为该工程在采空区的监测路段。

图 7.1　采空区监测路段

7.2.2　公路路基处理

河南省省道 323 线新密关口至登封张庄段改建工程穿过东坪煤矿、大平煤矿和宏达煤矿三处煤矿采掘区,位于采空区范围内的路线总长为 5.04 km。高密度电阻率法探测表明,在 K27 段附近,采空区深度为 30～50 m,高程为 92～76 m。由于该段采空区埋深较浅且厚度大,治理措施是在松散地基采用强夯法加固,具体施工技术方案如下所述。

1. 路 基 加 固

1）强夯方案

（1）夯锤重 16.8 t，底面为圆形，锤底直径为 2 m，锤底静压力值为 25 kPa；锤底面有四个与其顶面贯通的排气孔，孔径为 300 mm；单遍夯击能 660 kN/m，落锤距 4 m；为防止强夯对邻近结构物的影响，现场开挖宽 80～100 cm、深 80～100 cm 的减震沟。

（2）强夯施工采用带自动脱钩装置的履带式起重机，并且臂杆端部设置有辅助门架，防止落锤时机架倾覆。

（3）夯点按照梅花形布置，且相互搭接不小于夯锤直径的四分之一。

（4）强夯施工前，应在试验段周边各结构物设置沉降观测点，在进行强夯施工时，每一锤击后进行沉降观测，检测结构物是否有沉降或偏位。

2）强夯施工步骤

（1）清理并平整施工场地，挖机挖出减震沟，测量场地高程，并放出路基边线，现场施工人员用白灰勾出路基边线，并按照夯击方案画出夯点位置。

（2）起重机就位，使夯锤对准夯点位置，测量夯前锤顶高程，保证提锤高度为 4 m；将夯锤起吊到 4 m，待夯锤脱钩自由下落后，放下吊钩，测量锤顶高程，夯点中心位移偏差应小于 150 mm，当夯坑底倾斜大于 30°时应及时将坑底平整后再进行夯击。

（3）每次锤击结束后进行沉降观测，设计要求直至一次夯击后沉降量小于 2 cm 时方停止夯击，如不满足要求则继续增加夯击遍数，直至满足沉降量要求为止。

（4）强夯结束后，对夯坑的压实度进行检测。

（5）强夯处理后，采用平地机刮平，压路机进行碾压，随后再铺设 15 cm 砾类土磨耗层，检测路基处理后的弯沉值。

3）强夯监测要点

（1）开夯前应检查夯锤重和落距，以确保单次夯击能量符合设计要求。

（2）每遍夯击前，应对夯点放线进行复核，夯完后检查夯坑的位置，若发现偏差和漏夯现象，现场应及时纠正、校核。

（3）按设计要求，现场检查每个夯点的夯击次数和沉降量。

2. 路 基 填 筑

路基填筑采用分级填筑方式进行，分级填筑由下至上逐级进行，具体施工过程为在填料入场后先将填料摊平，然后以重型碾压机械进行反复碾压，直至满足规范中的压实度要求。一级填筑结束后，进行下一级填筑，直至填筑结束。在路基填筑过程中，需及时整理沉降观测资料，以便及时掌握观测桩的沉降量和沉降速率。当中心地基处的沉降速率超过 10 mm/d，或边桩侧向位移速率超过 5 mm/d，或竖向位移超过 10 mm/d 时，应及时将情况告知施工单位暂停施工，等待沉降稳定后再继续填筑，如有必要可进行卸载。图 7.2 为路基处理现场图。

（a）铺路　　　　　　　　　　　　　　　　（b）填土

图 7.2　路基处理现场图

7.3　采空区公路变形特征与监测

　　处于采空区影响区域的公路,其路基沉降一般主要由两个部分组成:一是地基基础的沉降,与工程所在地区的水文地质、工程自身等级和施工方法等方面相关;二是采空区的变形与扰动,与采空区的大小、采深、采高、倾角、开采时间及开采次数等因素相关。

7.3.1　路基变形机理与特征

1. 地基沉降机理

　　天然地基的岩土体是由固体颗粒、孔隙中的水和气体共同组成的三相体。在荷载作用下,地基变形要经历一个较长的时间过程,其沉降变形通常可分为以下三个阶段[22]。

　　第一阶段,土体在荷载作用的瞬间产生的"瞬时沉降变形",与之对应的是"瞬时沉降"。瞬时沉降是指,在加荷瞬间土中孔隙水不能及时排出,孔隙体积尚不发生变化,但土体在荷载作用下发生剪切变形。对于一般的地基土,瞬时沉降量很小。但对于软基而言,瞬时沉降占据了总沉降量很大的比例,且与加载方式和加载速率有关。

　　第二阶段,土体在荷载作用下,孔隙水从孔隙中排出,随着有效应力的不断增加,土颗粒相互靠拢,土体逐渐产生体积压缩变形,地基随之逐渐发生沉降变形。在此阶段,孔隙水的排出速率受到土的孔隙压力、渗透系数和压缩性的影响,因而将这部分变形称作"固结变形",与之相对应的是"主固结沉降"。

　　第三阶段,经过主固结沉降阶段,虽然土体排水固结完成,但是以后土体变形仍有一定的发展,这部分变形即为"次固结变形",与之对应的是"次固结沉降"。次固结沉降是指,在有效应力保持不变的情况下土体颗粒发生的变形。次固结沉降往往很小,且历时较长,在实际工程中一般不考虑。

2. 路基沉降特征

理论与试验研究结果表明,路基的沉降按其发展阶段可以分为三个部分[22],即瞬时沉降、固结沉降和次固结沉降,如图 7.3 所示。总的沉降按式(7.1)计算:

$$S = S_i + S_c + S_s \tag{7.1}$$

式中:S 为总沉降;S_i 为瞬时沉降;S_c 为固结沉降;S_s 为次固结沉降。

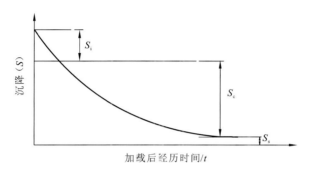

图 7.3   路基沉降变形曲线

从图示的路基沉降变形曲线中可以清晰地看出,由真实合理的沉降监测数据所绘制出的沉降-时间(S-t)曲线理论上存在以下四个阶段。

(1)发生阶段。路基刚开始在填筑荷载作用下,地基土还处于弹性状态,路基沉降变形量呈现出随荷载增加而近似线性增长的特点。

(2)发展阶段。随着路基填筑的不断进行,路基填筑高度持续增加,作用在地基土体上的荷载也持续增加。持续增加的荷载使得地基土体进入弹塑性状态。随着塑性区不断的发展,路基的沉降速率也不断增加,但随着该区段的路基填筑时间增长,地基土体固结不断完成,并占较大比例。这使得地基土的沉降速率在达到某一峰值后,反而随着填筑荷载的增加而不断减小。

(3)成熟阶段。当路基填筑完成,填筑高度不再增加,即地基荷载基本保持不变时,由于土体的流变和部分还未完成的固结等因素,沉降仍将继续,表现出随时间的延长而增加,但沉降速率呈递减趋势。

(4)到达极限。经过足够长的时间,沉降曲线已趋于平稳,沉降速率快速减小,并趋于稳定,沉降变化不再明显。

7.3.2   采空区公路变形监测方案

1. 监测原则

采空区变形监测一般按照以下原则进行:

(1)从整体到局部,从高级到低级;

（2）观测线的长度大于地表移动与变形范围，在公路路基或预计变形范围内重点布设；

（3）明确观测仪器型号与监测点埋设标准，制定观测规范，监测仪器固定，监测人员固定，监测路线固定，监测时间固定，并严格按照监测方案进行监测[23]；

（4）明确监测控制标准、监测频率和精度。

2．监测内容

采空区监测一般进行地表下沉与水平位移监测，必要时可增加其他监测项目。观测线的长度需大于变形区的范围。在确定测线长度时，一般根据各个矿区的沉陷参数进行确定。

1）垂直位移监测

水准观测采用电子水准仪或者光学水准仪观测。控制测量时，水准测量按照二等测量精度，工作基点与观测点之间采用三等测量进行观测。其中对工作基点和基准点监测时，采用水准仪或电子水准仪等进行二等水准测量，水准仪可用于观测监测点的高程，监测方法可采用闭合或附和导线测量。

2）水平位移监测

水平方向位移观测可采用极坐标法、小角度法、前方交会法、后方交会法或者视准线法，具体采用何种方法视现场情况而定。

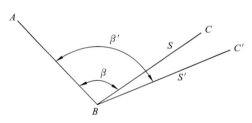

图 7.4　极坐标法原理

（1）极坐标法。极坐标法是利用数学中的极坐标原理，以 2 个已知点（其中 1 个点为极点）建立极坐标系，测量观测点到极点的距离，观测点与极点连线和 2 个已知点连线的方法如图 7.4 所示。图中 A、B 为已知点，C、C' 为待求坐标点。

测定待求点 C 坐标时，先计算已知点 A、B 的方位角：

$$\alpha_{BA} = \tan^{-1} \frac{Y_A - Y_B}{X_A - X_B} \times \frac{180°}{\pi} \tag{7.2}$$

测定角度 β 和边长 BC，计算 BC 方位角：

$$\alpha_{BC} = \alpha_{BA} + \beta \tag{7.3}$$

计算 C 点坐标：

$$X_C = X_B + S \cdot \cos\alpha_{BC} \tag{7.4}$$

$$Y_C = Y_B + S \cdot \sin\alpha_{BC} \tag{7.5}$$

（2）小角度法。利用全站仪或经纬仪精确测出基准线与置镜点到观测点视线之间的微小角度，小角法原理图如图 7.5 所示，图中 A、B 为已知观测墩，P、P_1 为待求坐标点，并按下式计算偏离值：

$$I_P = \frac{\alpha_P}{\rho} \cdot S_P \tag{7.6}$$

式中：α_P 为角度变化值，$\alpha_P = \beta' - \beta$；$\rho$ 为换算常数，$\rho = 206\,261$；S_P 为测点距离。

在离采空区较远的地方先设测站点 A，其测站至观测点 P 距离为 S，先设后视方向 B。用经纬仪测定 β 角，一般用 $2 \sim 4$ 个测回测定，并测定 A 至观测点 P 的距离，为保证 β 角初始值的正确性，需 2 次测定，然后每次测定 β 角变动量。采用小角度法计算偏离值精度时忽略测距引起的误差，S 可以认为基本不变。

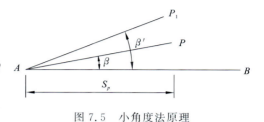

图 7.5　小角度法原理

偏移量中误差：

$$m_{LP} = \frac{m_{\alpha P}}{\rho} \cdot S_P \tag{7.7}$$

$$m_{LP'} = \frac{m_{\alpha P'}}{\rho} \cdot S_{P'} \tag{7.8}$$

式中：$m_{\alpha P}$ 为测角 β 中误差；$m_{\alpha P'}$ 为测角 β' 中误差；$S_{P'}$ 为视准线长度，与 S_P 相等。

变形监测的两期观测变化量中误差：

$$m_{\Delta PP'} = (m_{LP}^2 + m_{LP'}^2)^{\frac{1}{2}} = \sqrt{2} \times m_{LP} \tag{7.9}$$

采用小角度法观测时，一定要尽量将观测桩位置埋设在两端基点的连线上，使观测角度微小，以减小正弦函数泰勒级数展开的舍入误差。

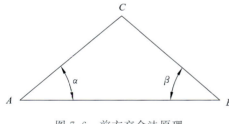

图 7.6　前方交会法原理

（3）前方交会法。前方交会观测法尽量选择较远的稳固目标作为定向点，测站点与定向点之间的距离一般不小于交会边的长度。观测点应埋设在适于不同方向观测的位置。前方交会法原理如图 7.6 所示。

C 点坐标计算公式为

$$X_C = \frac{S_{A3} \cdot \sin\alpha \cdot \sin\beta}{\sin(\alpha + \beta)} \tag{7.10}$$

$$Y_C = \frac{S_{AB} \cdot \cos\alpha \cdot \sin\beta}{\sin(\alpha + \beta)} \tag{7.11}$$

3. 监测点设置

1）基准点布置

通过开采资料明确采空区边界的具体位置，必须在远离采空区的稳定区域布置基准点。基准点布置要牢固可靠，用无缝钢管或预制混凝土板制作，冻土地区基底埋深在冰冻线以下不小于 $0.5\,\mathrm{m}$，基准点空间坐标由 GPS 测量仪观测校对得出。监测基准点如图 7.7 所示。

图 7.7　监测基准点

2）工作基点布置

工作基点作为高程和坐标的传递点使用，在观测期间要求稳定不变，在同一工作基点要尽可能多地观察到变形观测点。

3）变形观测点布置

变形观测点应在观测线上等间距布置，且彼此平行；在变形较大处应加密监测点；为最大限度减少对车辆通行的影响，保证监测人员安全，路基变形监测点一般设在路边缘内侧1 m处。

4．监测方法与周期

监测网采用独立平面直角坐标系，垂直位移监测网采用闭合环水准路线进行监测。每次观测，采用同一条观测路线，相同的观测方法，同一套测量仪器、设备，在基本相同的时刻和温度等条件下进行工作。当对变形结果产生怀疑时，应随时进行检验。每一次观测前，对所使用的仪器与设备进行检验校正，并做出详细记录。

监测频率与地表下沉和水平移动速率保持一致，当地表下沉和水平移动速率较小时，监测频率可适当放宽；当地表下沉和水平移动速率较大时，需加强监测。根据《采空区公路设计与施工技术细则》[24]，对于长壁式陷落法采空区，观测周期可按表7.1确定，其他非长壁式采空区，其观测周期可由开采方式和回采率适当延长。

表 7.1　观测周期取值

开采深度 H/m	≤50	50～100	100～150	150～200	≥200
观测周期/d	10～20	20～30	30～60	60～90	90

7.3.3　应用实例

在省道323线位于新密市平陌镇的采空区监测路段，变形监测方案设计地表下沉和水平位移监测。沿公路走向布置 2 条监测线,在高填方、高挖方与桥涵路段加密观测点,测点间距为 10 m,其他地方测点间距为 20 m。在监测工作中,高程测量平面位移测量采用天宝 FOCUS-6 全站仪,垂直位移测量采用苏州一光 DSZ-2 型水准仪,并配合中海达 HD-8900E 静态 GPS 进行。从 2014 年 3 月 1 日至 2016 年 8 月 31 日进行了为期 30 个月的路基沉降观测。开始第 1~6 个月,每月观测 3 次;第 7~15 个月,在变形趋稳的情况下,每月观测 2 次;第 16~30 个月,观测期内变形量没有突变的情形下,每月观测 1 次。

7.4　采空区路基沉降监测结果分析

7.4.1　沉降曲线

观测桩的监测数据采用高程测量数据处理办法,对应路基顶面、坡脚的沉降量

$$S = \Delta_i - \Delta_0 \tag{7.12}$$

式中:Δ_i 为第 i 次测量时观测桩相对基点高差(mm);Δ_0 为初次测量时观测桩相对基点高差(mm)。

本书选取路基沉降变形最大的断面 K28+454 处的实测数据进行分析,K28+454 断面处的实测时间沉降曲线如图 7.8 所示。由于最初该断面下的大平煤矿仍存在部分开采活动,因此在监测期间累计沉降量较大且瞬时沉降不稳定,但由图 7.8 可以看出,随着采掘煤层结束,K28+454 断面处的沉降速度在逐渐减小,路基两侧每测量周期的沉降量和沉降速度逐渐趋于一致。

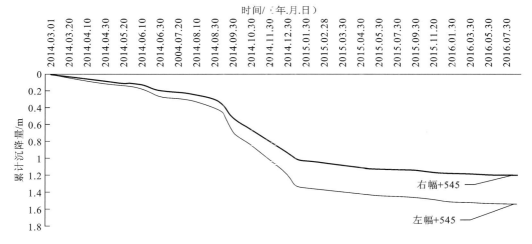

图 7.8　K28+454 断面处的实测时间沉降曲线图

7.4.2　基于实测数据的采空区稳定性评价

本书依据《采空区公路设计与施工技术细则》[24]长壁式采空区场地稳定性评价标准,见表 7.2,计算现场实测数据并对采空区的稳定性进行评定,其稳定性等级评价结果见表 7.3。

表 7.2　按地表沉降确定长壁式采空区场地稳定性等级评价标准

稳定等级	地表下沉量/mm			
	1 个月	3 个月	6 个月	12 个月
稳定	≤5	≤15	≤30	≤60
基本稳定	5~10	15~30	30~60	60~120
欠稳定	10~30	30~60	60~120	120~240
不稳定	≥30	≥60	≥120	≥240

表 7.3　采空区稳定性等级评价结果

沉降期	1 个月	3 个月	6 个月	12 个月	稳定等级
沉降量/mm	70.2	151.4	399.2	1377.5	不稳定

注:所有数据均为各时期最大值

将表 7.3 中数据与表 7.2 中采空区场地稳定性等级评价标准进行比较分析,发现目前该路段采空区不稳定,实际测量结果也表明该区域存在严重失稳(变形)现象。因此,建议施工方在该区域 500 m 长的路段铺设过渡性路面,路面采用正六棱柱水泥石,能减小路面整体变形和便于施工机械运输,待沉降稳定以后再行修筑。

7.5　采空区路基沉降预测与评估

目前利用现场实测数据进行沉降预测的方法主要有双曲线法、指数曲线法、神经网络法和灰色预测模型法等[11]。在预测过程中,以上方法各有优缺点,其中灰色预测模型法对于实测数据没有严格的要求,只需要部分序列完整的数据,其适用对象主要是缺乏整体信息的研究。采空区路基沉降影响因素较多,考虑到矿区开采资料的不足与施工过程的复杂性,本书拟采用灰色预测模型法进行预测。

7.5.1　灰色预测模型

灰色预测模型又称 GM 模型[25],它是一组用微分方程给出的数学模型。利用 GM 可对所研究系统的发展变化进行全局观察、分析和长期预测。根据预测因子的数目可分为一阶一元预测模型 GM(1,1) 和一阶多元预测模型 GM(1,N)。GM(1,1) 在实际工程中的应用非常广泛。GM(1,1) 是 GM(1,N) 中 $N=1$ 的特例。设变形监测网中某一监测点的各期数据组成时间序列为

$$\boldsymbol{X}^{(0)}=\left[X^{(0)}(1),X^{(0)}(2),\cdots,X^{(0)}(n)\right] \tag{7.13}$$

对原始数据序列 $\boldsymbol{X}^{(0)}$ 作一次累加生成新的序列:

$$\boldsymbol{X}^{(1)}=\left[(X^{(1)}(1),X^{(1)}(2),\cdots,X^{(1)}(n)\right] \tag{7.14}$$

式中: $X^{(1)}(i)=\sum_{K=1}^{i}X^{(0)}(K)$,则 GM(1,1) 的白化形式方程为

$$\frac{\mathrm{d}X^{(1)}}{\mathrm{d}t}(t)+aX^{(1)}(t)=u \tag{7.15}$$

这是一阶一元的微分方程模型,其中 a、u 是待识别的参数。式(7.15)解的离散形式为

$$X^{(1)}(k)=\left[X^{(0)}(1)-\frac{u}{a}\right]\mathrm{e}^{-a(k-1)}+\frac{u}{a} \tag{7.16}$$

式中:参数的估值

$$\boldsymbol{a}=(a,u)^{\mathrm{T}}=(\boldsymbol{B}^{\mathrm{T}}\boldsymbol{B})^{-1}\boldsymbol{B}^{\mathrm{T}}\boldsymbol{Y}_N,$$

$$\boldsymbol{B}=\begin{bmatrix}-\frac{1}{2}[X^{(1)}(1)+X^{(1)}(2)] & 1\\ -\frac{1}{2}[X^{(1)}(2)+X^{(1)}(3)] & 1\\ \vdots & \\ -\frac{1}{2}[X^{(1)}(n-1)+X^{(1)}(n)] & 1\end{bmatrix},$$

$$\boldsymbol{Y}_N=[X^{(0)}(2),X^{(0)}(3),\cdots,X^{(0)}(n)] \tag{7.17}$$

设 $X^{(1)}(k)$ 是由式(7.17)得到的模型计算值,与 $X^{(1)}(k)$ 累减

$$X^{(0)}(k)=X^{(1)}(k)-X^{(1)}(k-1) \tag{7.18}$$

得变量的 $X^{(0)}(k)$ 的 GM(1,1) 模型计算值 $X^{(0)}(k)$,即

$$\begin{cases}X^{(0)}(1)=X^{(0)}(1)\\ X^{(0)}(k)=\left[X^{(0)}(1)-\frac{u}{a}\right](1-\mathrm{e}^a)\mathrm{e}^{-a(k-1)}\\ X^{(0)}(k+1)=\left[X^{(0)}(1)-\frac{u}{a}\right](1-\mathrm{e}^a)\mathrm{e}^{-ak}\end{cases} \tag{7.19}$$

式中: $k=1,2,3,\cdots,n$。式(7.15)~式(7.19)是 GM(1,1) 模型的基本公式。其中,式(7.17)和式(7.19)为灰色预测模型的 2 个基本模型。

当 $k<n$ 时,称 $X^{(0)}(k)$ 为模型模拟值;当 $k=n$ 时,称 $X^{(0)}(k)$ 为模型滤波值;当 $k>n$ 时,称 $X^{(0)}(k)$ 为模型预测值。

为了判别模型的优劣,可用残差检验、后验差检验等方法进行检验,合格后即可用于模型预报。从上述方程中可以看出,观测数据越多,时间越长,GM(1,1) 预报精度越高,越能揭示地基的变形规律。

7.5.2 预测结果与评估

本书选取沉降变形较为突出的断面 K27＋688 进行预测,现场实测数据与基于灰色预测模型法预测的数据对比见表 7.4 和图 7.9 所示。

表 7.4 现场实测数据与基于灰色预测模型法预测的数据对比

时间/年	实测值/mm	预测值/mm	差值/mm
0.5	538.1	598.4	60.3
1.0	913.7	939.9	26.2
1.5	1112.1	1121.2	9.1
2.0	1197.2	1205.4	8.2
2.5	1210.5	1212.2	1.7
3.0	—	1215.3	—
3.5	—	1220.1	—

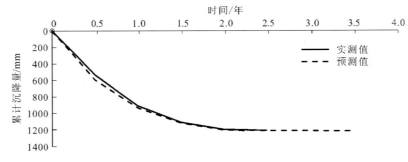

图 7.9 K27＋688 断面路基沉降预测与实测对比图

由表 7.4 和图 7.9 可以看出,本书采用的灰色预测模型法预测值较实测值偏大,特别是在数据缺乏时误差会较大,数据越充分其预测值越接近于实测值,总体上预测结果与实测沉降量相吻合,与采空区自身沉降发展趋势一致,符合工程的实际需要。

综合采空区路基监测数据与预测评估结果可知,该路段沉降变形量较大,部分路段最终沉降量甚至超过 1 m,路基的稳定性较差,在施工过程中要避免在不稳定阶段作业。灰色预测模型效果良好,具有一定的实用性,可为类似工程提供参考和借鉴。

参 考 文 献

[1] 童立元,刘松玉,邱钰,等.高速公路下伏采空区问题国内外研究现状及进展[J].岩石力学与工程学

报,2004(4):1998-2002.

[2] 王正晓,王智广,于伟,等.高速公路采空区变形监测浅析[J].测绘通报,2003(1):33-35.

[3] 王万顺,耿玉岭,袁巧红,等.采空区沉陷分层沉降观测方法研究[J].中国煤田地质,2005(3):37-39.

[4] 陈文涛.高速公路下伏采空区变形监测技术探讨[J].山西焦煤科技,2008(9):7-9.

[5] 张冠军.铁路某采空区变形测量技术方案探讨[J].城市勘测,2009(2):127-129.

[6] 陶雪芬,李爱兵,章光,等.西北某矿采空区稳定性监测方案设计[J].现代矿业,2010(2):80-82.

[7] 晋海龙,张建亮.采空区变形监测数据分析研究[J].山西焦煤科技,2011(1):24-26.

[8] 路明,吴俊梅.采空区路基治理后沉降观测分析[C]//第 21 届全国结构工程学术会议论文集第 II
册,2012:285-289.

[9] 贺跃光,熊莎,吴盛才.采空区上方高速公路允许移动变形指标研究[J].矿冶工程,2013,33(2):
27-30.

[10] 贾向前.采空区变形监测技术分析[J].山西水利,2015(7):29-30,49.

[11] 周焕云,黄晓明.高速公路软土地基沉降预测方法综述[J].交通运输工程学报,2001,2(4):10.

[12] SHAO G H. Research of engineering features and settlement of lianyungang soft ground[D].
Nanjing:Southeast University,2001:50-58.

[13] WANG G H. Grey prediction of settlement of building[J]. Railway Aerial Surveying,1994,4(1):40-
42.

[14] LIU Y J. Prediction of final settlement of soft ground for expressway by using artificial networks
[J]. Journal of Highway and Transportation Research and Development,2000,17(16):15-18.

[15] WU D Z,LI X B. Methods to calculate the settlement of embankment of expressway[J]. Hunan
Communication Science and Technology,2001,27(4):4-5.

[16] 余闯,刘松玉.路堤沉降预测的 Gompertz 模型应用研究[J].岩土力学,2005,26(1):82-86.

[17] 王东耀,折学森,叶万军,等.高速公路软基最终沉降预测的范例推理方法[J].长安大学学报(自然
科学版),2006,26(1):20-23.

[18] 赵明华,龙照.路基沉降预测的 Usher 模型应用研究[J].岩土力学,2008,29(11):2973-2977.

[19] 闫宏业,刘莉,廖志刚,等.采用改进的修正双曲线法预测高速铁路路基沉降[J].铁道建筑,2011(12):
92-94.

[20] 刘寒冰,向一鸣,阮有兴,等.背景值优化的多变量灰色模型在路基沉降预测中的应用[J].岩土力
学,2013,34(1):173-181.

[21] 薛文勋,王秋艺,晏红,等.采空区高速公路路基实时沉降与预测分析[J].公路交通技术,2016,
32(3):1-5.

[22] 陈善熊,宋剑,周全能,等.高速铁路沉降变形观测评估理论与实践[M].北京:中国铁道出版
社,2010.

[23] 徐宏达.我国尾矿库病害事故统计分析[J].工业建筑,2001(7):69-71.

[24] 中华人民共和国交通部.采空区公路设计与施工技术细则:JTG-T-D31—2011[S].2011.

[25] 吴盛才,徐鹏,贺跃光.高速公路下伏采空区变形监测网设计[J].金属矿山,2011(2):99-101+105.